手作族一定要会的
缝纫基本功

（修订本）

日本靓丽出版社　编著

书锦缘　译

红星电子音像出版社

目 录

从最基础开始

本书不仅可作为初学者的入门参考书，
也可供曾学过缝纫但有点忘记，又不方便向他人请教的读者阅读。
现在，就从打开本书开始，轻松学会手工的基本功。

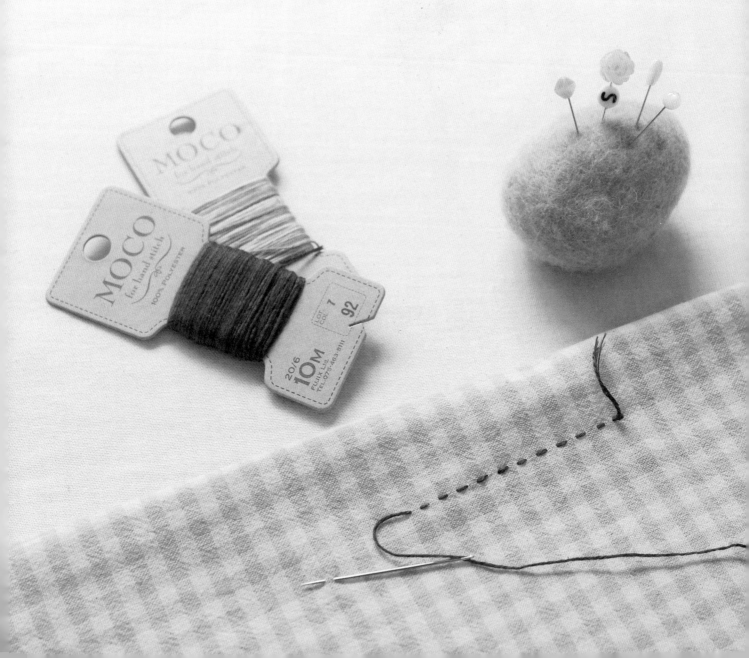

裁剪·缝纫用具

不需要一开始就备齐所有的裁缝用具，但此处所介绍的都是裁剪、缝纫过程中不可缺少的基本配备。其余的用具可以依据个人的实际需求再慢慢添购。

裁布剪刀

购买剪裁布料的大剪刀时，先试试手感，选择用起来顺手的产品。注意，不要用裁布剪刀来剪衣料之外的其他东西，那样很容易使剪刀变钝。

如何持握裁布剪刀

拇指插入剪刀刀柄上较小的孔中，中指、无名指、小指一起插入较大的孔中，牢牢握住剪刀。食指勾住剪刀刀柄上稍靠前的弧形位置，保持剪刀的平衡。此外，把拇指外的四根手指全部插入大孔中的持握方法也可以。总之，选一种自己顺手的方法持握剪刀。

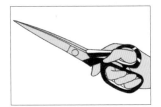

裁布剪刀的使用方法

剪裁时，尽量不让衣料离桌面太远，且剪刀刀口的下缘可以贴着桌面向前推进，这样可以有效地避免剪裁失误。

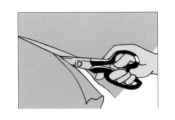

1　顶针

手缝时，套在持针手的中指第一和第二关节中间，利用顶针来推针。即使是缝针不易穿透的厚实布料也会变得轻松易行。顶针有金属制和皮革制两种，无论哪种材质最重要的是选择尺寸合适、戴着舒适的顶针。

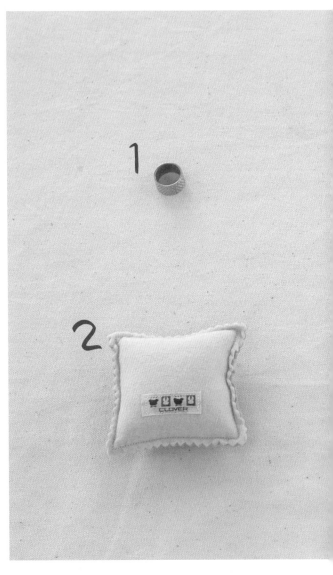

2　针插

手缝针、珠针都可以插在上面。在缝制时使用戴在手腕上的针插可以很顺手地取放各种小号手缝针。另外，磁铁型的针插也颇受欢迎，它能把小号手缝针吸附得很牢。而且，用它来吸起掉落的小号手缝针等金属小物也非常方便。

3　剪线剪刀

剪断手缝线或车缝线时使用。剪线剪刀是用来进行精细操作的工具。所以，宜选用易持握、刀口锋利的产品。

5　手缝线

手缝线时使用的线。手缝线按粗细和材质分为许多种类，但以聚酯材质的50号线最为常用。另外，还有适合用来缝制纽扣的线及锁扣眼的手缝线等。

区别手缝线和车缝线

手缝线和车缝线都是由数条细线纹合而成，不同的是两者的纹合方向是相反的。手缝线向右，而车缝线向左。如果使用车缝线进行手缝，车缝线的纹合就可能松开，很容易缠绕成一圈。因此，手缝时要尽量使用手缝线。

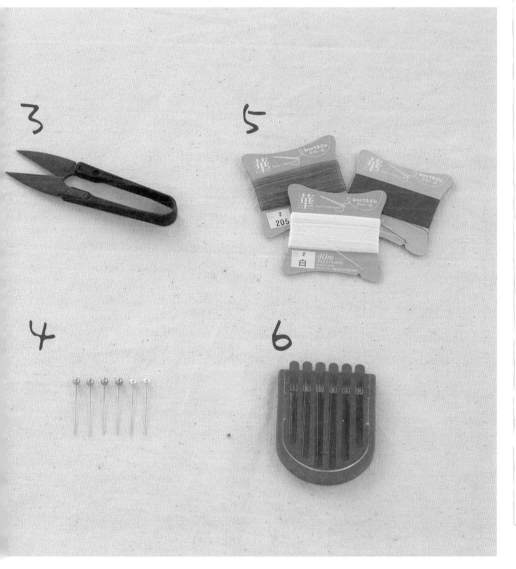

手缝线

车缝线

4　珠针

缝补时用来临时固定布料。如果珠针生锈了，就会难以刺入布料。所以，最好选用不锈钢材质的珠针。同时，为了防止掉落后不易找到，宜选用针头部分色彩比较鲜艳的产品。

6　手缝针

手缝专用针，有多种粗细和长度。可以根据不同布料的特点选择合适的手缝针。一般来说，较厚的布料用较粗的针，较薄的布料选用较细的针。

开始缝制前

缝制前的准备工作。穿线对入门者来说是个麻烦事。不过，只要掌握技巧，就会变得非常简单。

矫正弯曲的手缝线

手缝线大多是缠绕在硬纸片上，所以时间一长，缝线上往往会有折痕。弯曲的缝线直接使用很容易打结，所以，使用前最好先消除这些折痕和弯曲。

①矫正前的弯曲手缝线。

②取出30～40cm的手缝线。

③将手缝线在食指上绕一圈。

④双手微微用力将线绷紧，并用大拇指弹线。

⑤手缝线就会变得均匀顺直了。

如何决定需要的手缝线长度

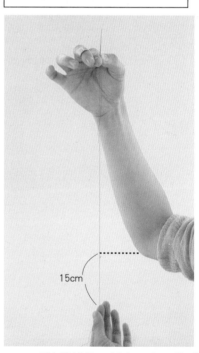

15cm

手缝线越长，越容易在操作过程中缠成一团，或中途拉出死结，妨碍缝制。所以，超过前臂15cm左右通常被视为最合适的长度。

顶针的戴法

正确的戴法

○

顶针应该戴在惯用手中指的第一和第二指节中间。

错误的戴法

×

戴在指尖或戴得太深，都不利于固定缝针，影响缝制效果。

持针的方法

以惯用手的拇指与食指夹住手缝针中前部，使针和顶针面之间构成一直角。

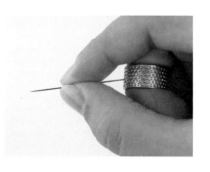

穿针引线

①将手缝线一端剪出一个斜口。

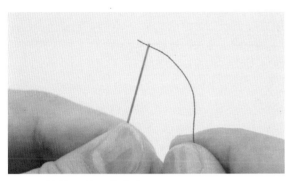

②将手缝线从针孔中穿出。

固定珠针的方法

正确的固定方法

○

固定时，珠针应该垂直于缝补方向。挑衣料时最好挑起0.2cm。

错误的固定方法

×
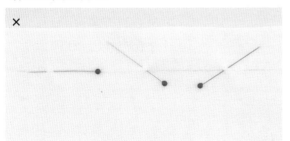

初学者往往习惯沿缝补方向插入珠针，但很容易在缝补时被刺到手或伤及手指。此外，斜插珠针也是不正确的，容易造成布料变形或皱褶。

方便穿线的小工具

穿线对初学者而言是个费时又费事的事情。不过，只要借助简便的专用工具，穿线就会变得轻而易举。穿线器有很多种，大家可以自由选择使用顺手的产品。

简易穿线剪线器
附一枚剪线刀片的易携带型

自动穿线器
粗针、细针均可使用的桌上型

自动穿线器的使用方法

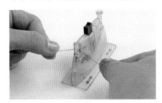

①右手握住线头，两手拉紧一小段，将手缝线放在穿线器上的沟槽中。

②针孔朝下将手缝针直放于针筒的筒口后，松手让其落入针筒底部。

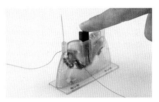

③不要移动穿线器，同时用手指按下按钮，直到听到"咔嗒"一声轻响。

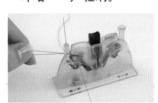

④出线口会出现一个小线圈。

⑤捏住线圈，将先前右手所握的那段较短的线完全拉出。

⑥从针筒中拿出手缝针。

⑦手缝线穿过针孔。

始缝结

用手指打结

①用拇指和食指撮起线头。

②将手缝线在食指指尖缠绕一圈。

③拇指将缝线从压线的位置向食指尖端搓转，搓成的线圈自食指尖脱落后，再用中指及拇指压着从线圈中抽出线头。

④完成始缝结。

用针打结

①穿线。

②用较长一边的手缝线线头缠绕手缝针2～3圈。

③将绕好的线圈集中挤压到食指指尖，形成结粒。

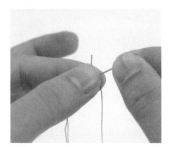

④用拇指和食指捏住结粒。

⑤用另一只手向外抽出缝针。

⑥完成始缝结。

整理假缝线束

假缝线束又叫"疏缝线卷"，呈圆圈状。使用前需要进行整理，避免线缠绕在一起。若购买的棉线也是线卷状，则整理方法与假缝线束相同。

①线束有两个U形转角，选其中一个完全剪断。

②拉直扭曲部分，用大小适当的纸将线束卷裹起来。

③使用时，从未被剪开的U形转角处拉出一根根线。既轻松又可避免线的缠绕。

基础手缝法

介绍几种常用的手缝方法，适合各种情况。首先从平针缝说起。

平针缝（绗缝）

平针缝又称为运针，是最基本的手缝方法。针脚在衣料的正面，背面约以3mm的间距向前推进。针脚间距1～2mm的平针缝又称为"绗缝"，想要做出整齐美观的衣褶（抽褶时缩缝）时，常会用到这种手缝法。

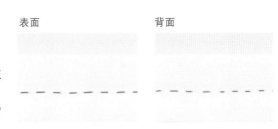
表面　　背面

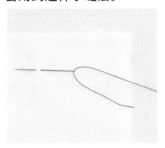
①从正面下第1针。

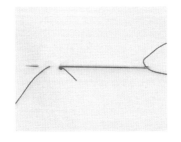
②第1针入针处再缝1针。

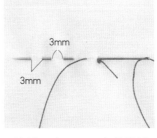
3mm
3mm
③缝针一上一下，向前推进。

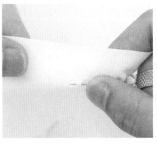
④用拇指和食指稳稳夹住布料，确保针尖落在针脚的水平线上，然后缝合。

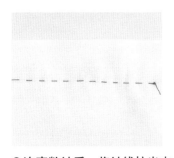
⑤连穿数针后，将针线拉出来。

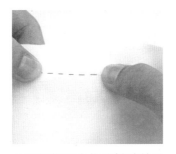
⑥用拇指和食指将松弛的针脚向缝补的推进方向捋一捋。该操作称为"捋线"。

⑦压平针脚。

止缝结（收尾打结）

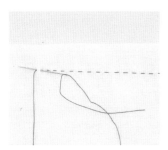
①和始缝结一样，先回1针，在前针的位置再缝1次。

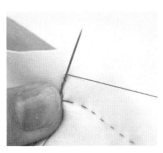
②将手缝针靠在收尾位置，用手缝线绕针2～3圈。

③拇指用力将线圈移向末针出针位置，抽出缝针，剪断手缝线。

全回针缝

　　此种缝法的针脚看起来就像是车缝出来的。先回缝1针（约针眼长），再前进2针的针距，如此反复前进。使用回针缝缝出的作品较牢固。针距宜控制在3mm左右。

正面　　　　　背面
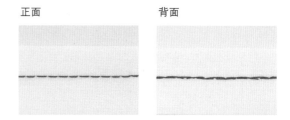

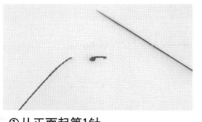

①从正面起第1针。

②从第1针起针处再入1针，在背面前进2针针距后出针。

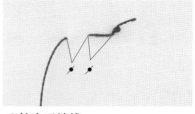

③拉出手缝线。

④回1针（约针眼长），再前进2针的针距出针。如此反复。

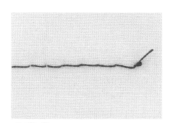

⑤完成。

半回针缝

　　半回针缝有看似平针缝的针脚。每1针都是先回针，然后再前进，做法和全回针缝是相同的。不过，半回针缝倒回的不是一个针距长，而是半针的针距。

正面　　　　　背面

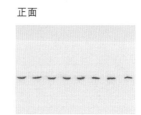

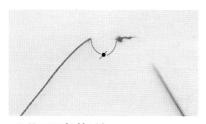

①从正面起第1针。

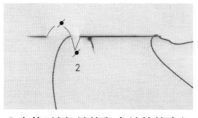

②在第1针起针处和出针处的中间入第2针，在背面前进1.5针针距后出针。

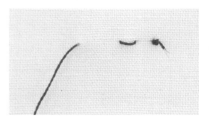

③拉出缝线。

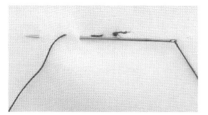

④重复2～3次。

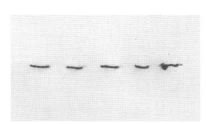

⑤完成。

藏针缝

　　藏针缝常用于裙下摆或裤管的折边。并非缝份的锁边，而是内侧的挑缝固定。此手缝法的重点在于：每次只挑1根纱，避免造成太强的牵引力，同时衣料表面不会显露针迹。

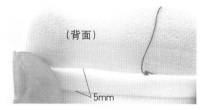

①翻开缝份约5mm，挑1针拉出针线。

②仅挑起表布上的1根纱。

正面　　　　　　背面

③再让缝针从翻开缝份的背面挑出。

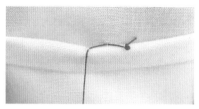

④重复2～3次。

周边缝

　　周边缝适合裤管或腰带折边或滚边的缝法。手缝时，每针之间的间距宜控制在4～5mm左右。

①手缝针从缝份的背面穿出。

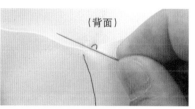

②在正上方挑起表布的1根纱。

正面　　　　　　背面

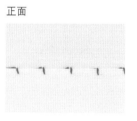

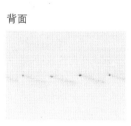

③缝针挑纱后前移4～5mm，从缝份的背面穿出。重复此动作。

千鸟缝

　　千鸟缝又称"交叉缝"，常用于固定布边。千鸟缝通常是从左至右运针。

正面　　　　　　背面

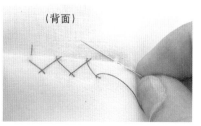

①手缝针从缝份的背面穿出，在右上方挑起表布的2～3根纱。

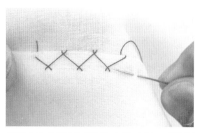

②再在右下方缝份上挑1针。重复此动作。

钉纽扣

每次穿脱衣物时，衣物上的纽扣都会受力，所以，如果纽扣缝得不牢，就很容易松脱或掉落。使用正确的方法，可以让自己缝的纽扣牢固又好扣。

介绍四孔扣·双孔扣的钉法

四孔扣　　最常见的纽扣类型。缝纽扣时，可采用两排缝线平行或十字交叉的钉法。

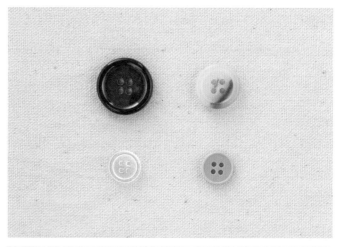

双孔扣　　扣面上有两个孔的纽扣。常用于衬衫等。只需要花一点点时间就能钉好。

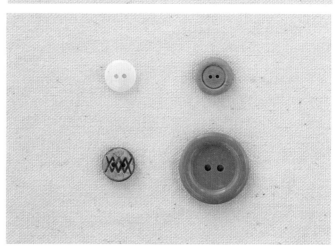

纽扣线

钉纽扣时通常使用纽扣线或扣眼线。两者均比手缝线粗。所以，只用一条也可缝得很牢固。尽量选用与纽扣同色或颜色相近的纽扣线或扣眼线。

钉四孔扣的方法

介绍常用的四孔扣的钉法。

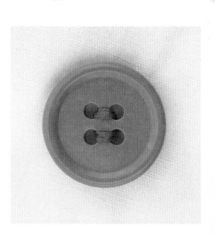

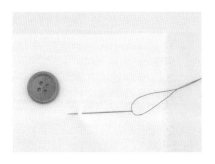

①在钉纽扣位置的中心处挑1针。

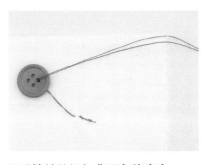

②手缝针从纽扣背面向外穿出。

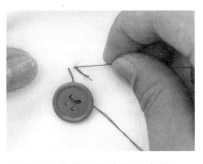

③将针从穿出孔旁边的孔中穿入，再穿入下面的衣料。

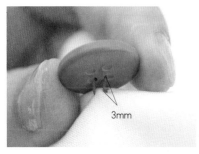

3mm

④于衣料下方拉缝线时，在纽扣和衣料之间预留3mm的间隙。

⑤缝线松松地在两个孔中间进出3～4次后，以同样的方法在另外两个孔中穿线。

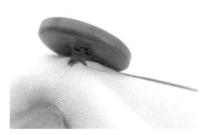

⑥用线将纽扣与衣料之间的缝线束从上到下缠绕3～4圈。

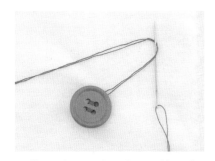

⑦绕最后一圈时，让针从线圈中穿过。

⑧稍稍用力拉紧缝线圈。

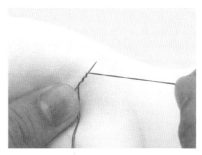

⑨将手缝针从衣料背面穿出，打好止缝结。

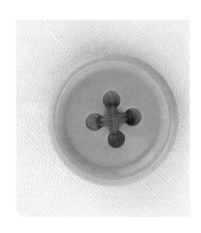

十字交叉钉法

用十字交叉的方法钉四孔扣也很漂亮，此缝法多用于钉装饰性纽扣。

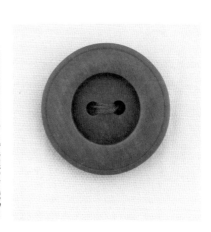

双孔扣的钉法

和缝四孔扣一样，穿线后在线脚处缠绕一圈加以固定，最后打结。

13

带脚纽扣

带脚纽扣是指纽扣背面有可穿过手缝线的小孔的纽扣，式样十分丰富，多为装饰性纽扣。

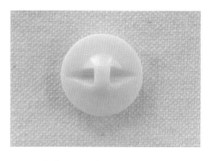

此类"腿脚"并不明显的纽扣也属于带脚纽扣的一种。

钉带脚纽扣的方法

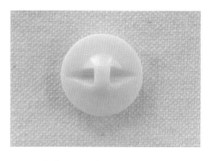

①在钉纽扣位置的中心处挑1针。

②让手缝针从纽扣背面的小孔中穿出。

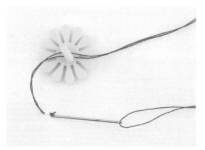

③在最初入针的位置再次入针。

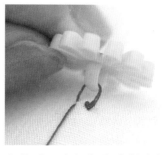

④此时，在纽扣和衣料之间预留1mm的间隙。

⑤重复步骤②至③2～3次，将线在纽扣与布料之间缠绕1～2圈。

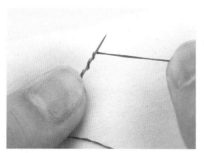

⑥将针从布料背面穿出，打好止缝结。

⑦带脚纽扣钉好了。

动手制作布扣

只要稍稍加工就可以制作出精美的布纽扣！可以用喜爱的碎布片或与衣服相同的布料来制作。

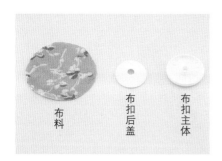

布料　布扣后盖　布扣主体

①剪出纽扣直径两倍的圆片布料。

②预留5mm缝份，绕圆片边缘平针缝1周（请参照第9页）。

③将布扣主体放在圆形布片中间，稍微用力将边缘缝份朝中间拉，收尾打结，剪断缝线。

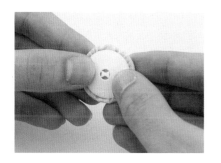

④将后盖嵌入布扣主体。

⑤制作完成。

布扣套件

用小布片包裹，再压上后盖，简简单单就能完成。布扣配件有多种尺寸和种类可供选择。

用手缝线钉纽扣

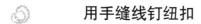

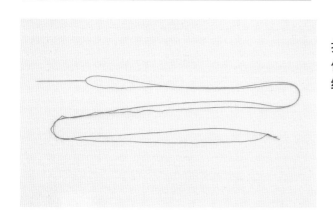

如果没有纽扣线或扣眼线，可以用手缝线代替。但必须用两条缝线以确保缝得牢固。

钩扣的缝法

裙钩

正钩　　负钩

有些裙子、裤子等腰带扣合处使用裙钩。由于此处一直受力，所以，必须缝得较牢固。正钩（带钩的一边）缝在叠合布片的上片，负钩（被钩的一边）缝在叠合布片的下片。缝合时，先缝正钩，再缝负钩。

①在衣料表面挑1针，牵拉手缝线，将始缝结拉入衣料夹层中。

②将线从钩孔中穿出。

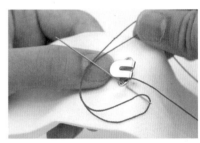

③将针沿着钩孔边穿入布中，再从钩孔中穿出，把线绕到针下。

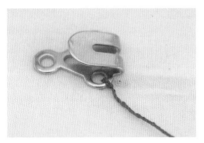

④拉出针线后，有1个节状结留在钩孔的边缘。

⑤重复步骤③~④，直到几乎看不到钩孔的金属边。

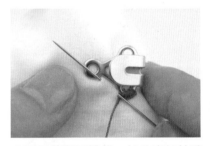

⑥不用剪断手缝线，针头直接转移到相邻的钩孔。

⑦按照同样的方法缝合好正钩上的3个钩孔。

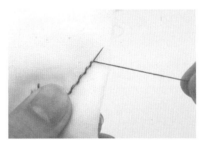

⑧缝针从布料背面穿出，打1个止缝结。

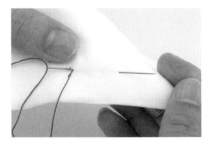

⑨在止缝结位置落针，再从稍远的旁侧出针。

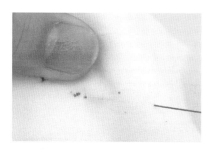

⑩牵拉缝线，将止缝结拉入衣料夹层，剪掉多余缝线。

⑪完成。

⑫负钩也以同样方法缝合。

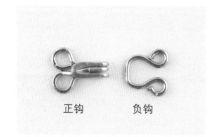

正钩　　负钩

领钩

比裙钩更小，多用于连衣裙扣合以及拉链的上端等。

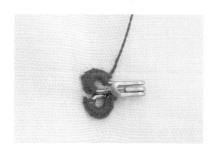

①用裙钩缝法步骤①～⑥的方法缝合。

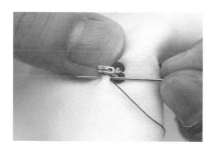

②将线从正钩前端的侧面穿出。

③手缝线缠绕正钩前端2～3次，缝牢。

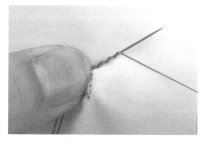

④缝针从布料背面穿出，打1个止缝结。

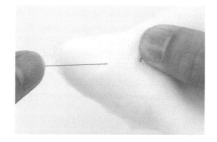

⑤在止缝结位置落针，再从稍远的旁侧出针。牵拉手缝线，将止缝结拉入布料夹层，剪掉多余线。

⑥正钩缝合完成。

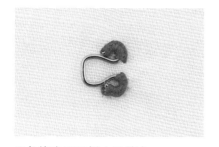

⑦负钩也以同样方法缝合。

⑧负钩前端也要用线缠绕缝牢。

⑨负钩缝合完成。

暗扣的缝法

暗扣

一般缝在衣物内部不易察觉。暗扣分公扣（凸面）与母扣（凹面）各一枚，公扣须缝在开口处上面贴边的适当位置，母扣则缝于与之相对的下面叠合处。

小窍门

先缝公扣，缝好后对准下面叠合处压出一个痕迹，再以压痕为中心缝合母扣，这样缝出来的公母扣就不会有位置偏移的困扰了。

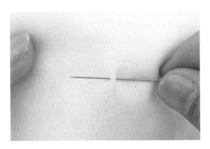

①在衣料表面挑1针，牵拉手缝线将始缝结拉入布料夹层中。

②将线从公扣孔中穿出。

③将手缝针沿着公扣孔边穿入布中，再从公扣孔中穿出，把线绕到针下。

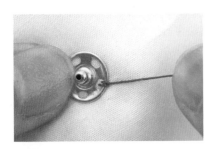

④拉出针线后，有1个节状结留在扣孔的边缘。

⑤重复步骤③～④，不用剪断手缝线，依序缝妥所有的扣孔。

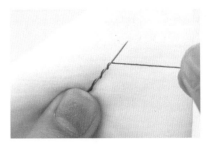

⑥将手缝针从布料背面穿出，打1个止缝结。

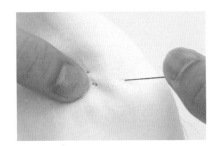

⑦在止缝结位置落针，再从稍远的旁侧出针。牵动线，将止缝结拉入布料夹层。

⑧公扣缝合完成。

⑨母扣也以同样方法缝合。

钉四合扣的方法

用途和暗扣相同，但钉四合扣无需使用针和线，只需用专用的小铁锤敲击冲子就能钉好。虽没有规定的上下位置，但大部分是公扣在下，母扣在上。

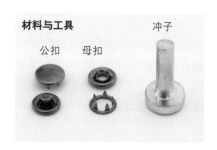

材料与工具
冲子
公扣　母扣

四合扣套件

若套件中附有小铁锤是最方便的组合。公扣、母扣的底托不同，安装时不要弄错了。

需准备的物品

敲打冲子的小铁锤是必不可少的。此外，为了避免损伤地板和桌面，需准备1个坚硬、稳固的底板作为操作台。

①母扣的底托刺出布料由背面向外穿出。

②步骤①的背面。

③将母扣盖在底托上。

④冲子置于母扣上方，再用小铁锤向下敲击冲子。

⑤不要太过用力，否则母扣会变形。

⑥以相同的方法安装公扣。

⑦步骤⑤的背面。

好用的小物件

按扣带

附有暗扣的细长带子。用手缝制暗扣费事又费力，若改用按扣带，只需用缝纫机将带子两边车缝好，非常方便。尤其适用于儿童和老年人的服装。

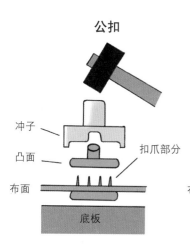

公扣
冲子
凸面
布面
扣爪部分
底板

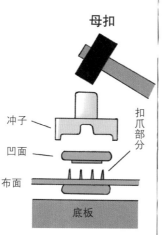

母扣
冲子
凹面
布面
扣爪部分
底板

认识缝纫机

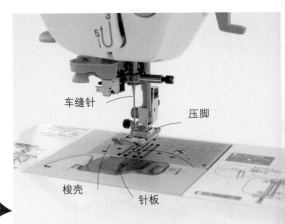

车缝针　压脚　梭壳　针板

缝纫机各部分的名称

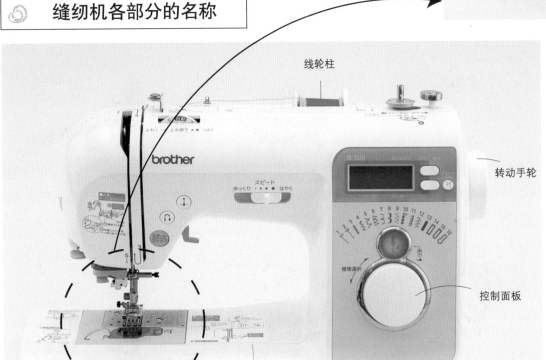

线轮柱　转动手轮　控制面板

踏板操控送布牙

用踏板操控送布牙时，双手可自由地做其他事，让操作缝纫机变得更加轻松、简单。借由脚改变踩踏板的力量大小来调节送布和缝纫速度，特别适合初学者使用。购买缝纫机之前，最好先确认所购机型是否具有该项选配附件。

梭芯

缝纫机的附属配件，用于缠绕底线，有塑胶材质、金属材质的。可多买几个备用，在更换缝线时会很方便。不同的缝纫机往往使用不同的卷线方法，因此，必须事先认真阅读使用说明书。

拉链压脚　　隐形拉链压脚

压脚

压脚也叫做压布脚，有很多类型，根据使用目的不同选择不同的压脚。例如：加拉链时就使用拉链压脚，而缝合隐形拉链时则使用隐形拉链压脚。此外，想车出漂亮整齐的针脚时，可使用2mm压脚等特殊压脚。

缝纫机的使用方法

手的放法

介绍车缝时双手最基本的放法。不要太用力，能配合缝纫机的动作即可。

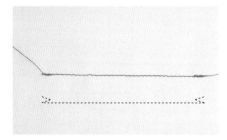

开始车缝

①抬起压脚和车缝针，重叠好衣料，在开始缝合的地方落针。

②放下压脚。

③开始车缝。

🌀 选择缝纫机的重点

在购买时面对大小、功能各异的缝纫机，可能会不知道该选择哪一台。但最低限度必须要能完成直线车缝和锯齿形车缝。只要缝纫机具备这两项功能，就能够应付日常所需了。若是购买入门级的缝纫机，最好选择配有踏板操控送布齿的机型。它不仅能在缝纫时完全解放您的双手，还能够通过改变脚踩力量的大小控制缝纫速度。此外，具有自由臂（free arm）的缝纫机在车缝袖口等筒状部位时非常方便。除了最基本的功能，再依据日常生活所需使用到的功能适当增加。若附近有手工艺品店或缝纫机店，最好能在店中实际操作一下，会比较容易选购到用来顺手的机器。

🌀 该在何处购买缝纫机

缝纫机在百货公司、手工艺品店、缝纫机店、家电量贩等都有销售，但购买前必须先确认商家是否有稳定、周到的售后服务。只要使用、维护得当，一台缝纫机可以用上好几十年。

回缝

为了防止针脚脱线，在车缝开始和收尾的地方，需要在同一位置重复车缝2～3针。这叫做"回缝"。

🌀 调节缝线

不同的缝纫机，其缝线的调节方法也各不相同。有的只需要调节面线，有的则需要同时调节面线和底线。实际的操作方法在使用说明书中一定有详细阐述，所以，使用前请仔细阅读。必须掌握正确的梭芯绕线方法，否则，面线和底线的配合很容易出现问题。绕线时尽量让线保持平行。

判断缝线的松紧

正确的针脚	正面、背面的针脚相同	
	正面	
	背面	
面线太紧	面线绷直、底线露出	
	正面	
	背面	
面线太松	面线隆起	
	正面	
	背面	

转角的车法

车缝转角是有技巧的，只要掌握技巧，不管什么角度的转角都能车得很漂亮！

①车缝至转角处，缝针不动，仅抬起压脚。

②转动布料至想要车缝的角度。

③放下压脚，继续车缝。

包缝（车布边）

包缝即锯齿形车缝。主要用来防止布料边缘松开、脱线。

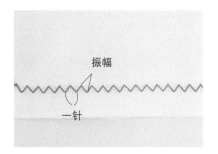

①控制面板上的指针转到包缝（车布边、锯齿缝）选项，设好锯齿振幅和针脚间距之后开始车缝。

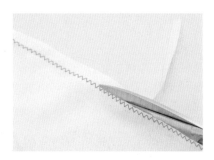

②裁开布料，但是不要剪断车缝线。

疏缝（大针脚车缝）

加衣褶和加拉链时会使用的缝法。将控制面板上的指针旋到最大针脚间距，再车缝。

加衣褶的情形

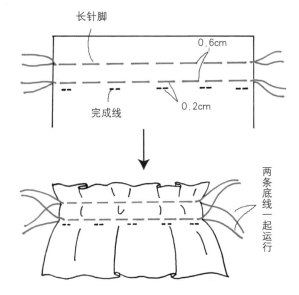

加拉链的情形

三次折边缝

①沿衣料边向背面折叠0.5cm。

②沿完成线再次折叠。

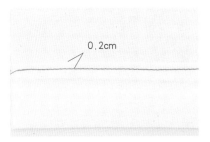

③在距步骤②的折边0.2cm处车缝。

三次折端缝

①沿衣料边向背面折叠1cm。

②再折叠1cm。

③在距步骤②的折边0.2cm处车缝。

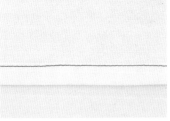

④完成后的三次折端缝。

缝纫机常见的故障及原因

故障现象	原因	故障现象	原因
运转不顺畅	●机油耗尽了 ●梭壳上塞有线头、布屑	针脚不齐	●面线和底线松紧不一致 ●压脚与衣料之间的压力不均匀
面线断线	●面线太紧 ●面线的穿线方向错误	跳线	●针头磨损 ●压脚的压力太弱
底线断线	●底线太紧 ●底线缠绕在梭壳上	针脚绉缩	●面线、底线绷太紧 ●送布齿太过突出

对折窝边缝

①将两块布料正面朝内并重叠在一起，再沿边距1.3cm的位置车缝。

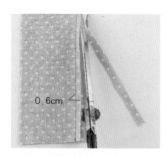

②将一侧的缝份剪掉0.7cm。

0.6cm

③将较宽的缝份叠过来，使其包住较窄的缝份。

0.7cm

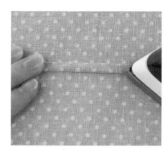

④用熨斗将折痕处烫平。

⑤在距边0.1cm的位置车缝。

⑥背面。

⑦正面。

小窍门

对折窝边缝是手工缝制婴儿内衣时常用的缝合法。其优点是穿着舒适，对皮肤无刺激。

袋缝

①两块布料背对背地重叠在一起，再沿边距0.6cm的位置车缝。

0.6cm

②用熨斗将缝份熨烫平整，并使其向左右两边铺开。

③沿着接缝将布料正面朝内对折。

完成线

④在距边0.8cm的位置车缝。

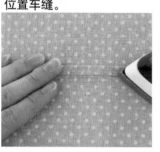

⑤用熨斗将缝份处熨烫平整，并使其倒向一边。

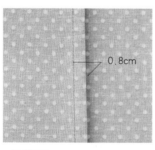

⑥背面。

0.8cm

⑦正面。

双布边缝

①两块布料正面朝内地重叠在一起，并沿边距1.3cm的位置车缝，再将两缝份向左右两边铺开。

②两侧的缝份向背面折叠0.5cm。

③距两边0.2cm的位置车缝。

④背面。

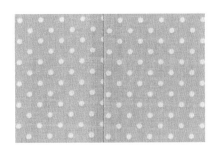

⑤正面。

针脚固定器的使用方法

　　想要车缝出美观、整齐的针脚时，可使用缝纫小助手"针脚固定器"。借助调节螺丝调整针脚与固定器之间的宽度，使固定器与衣料的边完美吻合，即可轻松车出笔直、美观的针脚。

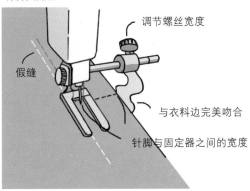

针脚固定器

调节螺丝宽度

假缝

与衣料边完美吻合

针脚与固定器之间的宽度

锯齿剪刀

　　锯齿剪刀的双刃呈锯齿状，能将衣料等剪出锯齿状的切口。适用于衣料绽开、脱线及布边处理等情况。

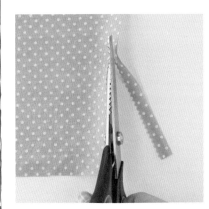

认识熨斗

记住，每次缝制完毕，都要对作品进行细心的熨烫。
及时对针脚及缝份处进行熨烫，效果会更好。

熨斗

推荐初学者选择只需按下按钮，就可以在蒸汽烫与干烫间切换的简便熨斗。选择一款配有安全装置、长期开着也不会烫坏衣服的好熨斗吧！

烫衣板

推荐不占位置、没有支脚的长方形烫衣板。

垫布

直接对毛料或聚酯纤维等衣料进行熨烫，会把衣料表面烫得光溜溜的。为避免发生这种情况，可在衣料上垫上一层平纹棉布或毛巾后再开始熨烫。

喷雾器

即使是没有蒸汽熨烫功能的熨斗，也可喷上水雾后再熨烫，这样会烫得更平整。选择一个喷得非常均匀的喷雾器吧！

熨斗清洁剂

熨斗长时间使用后，表面上多多少少都会黏上一些烫焦的异物或布衬的黏胶，使平滑的熨烫手感变差。因此，需要使用熨斗清洁剂对熨斗进行定期的清洁和保养。

♻ 用身边的废旧物品自制烫衣板

花费一点点时间来制作一个简单的烫衣板吧。
只要再次利用废旧的毛毯、T恤就可以了喔！

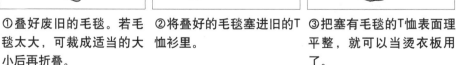

废旧的毛毯　　　　　旧的T恤衫

①叠好废旧的毛毯。若毛毯太大，可裁成适当的大小后再折叠。

②将叠好的毛毯塞进旧的T恤衫里。

③把塞有毛毯的T恤表面理平整，就可以当烫衣板用了。

基本的熨烫方法

将针脚熨烫平整

车缝后，衣料受缝线的牵扯，针脚处有些皱褶，请用熨斗把它烫平整。

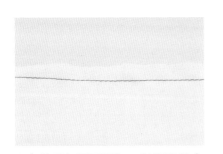

①车缝后如果不熨烫，针脚处的布料就会有些小小的皱褶。

②小心熨烫针脚。

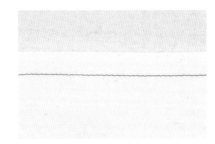

③针脚处变得漂亮、平整了。

熨开缝份

将接缝处完全烫平，让缝份向左右两边平铺开。通常又将此步骤称为"平缝份"。先将针脚处熨烫平整后再进行右边的作业。

①用食指和中指将缝份轻轻压住，同时用熨斗将其向左右两边熨烫。

②缝份被完全铺平了。

倒缝份

倒缝份是将缝份倒向某一边的熨烫方法。针脚需要藏在里面时使用该方法。不能直接倒缝份，要先平缝份后再倒缝份，熨烫后会更漂亮、更平整。

背面

①平缝份（熨开缝份）。

背面

②一边用手指按住，一边用熨斗将缝份从接缝处倒向另一边。

③背面。

正确的倒缝份

○

正面

由于先有平缝份步骤，所以，从正面看也非常漂亮。

错误的倒缝份

×

正面

若没做平缝份，由正面看针脚就会若隐若现，不整齐也不美观。

熨烫内弧形缝份的方法

弧形窝边熨烫平整的难度较大。因此，熨烫前需要在弧形处剪几个口。

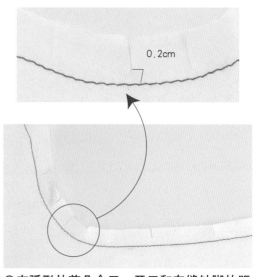

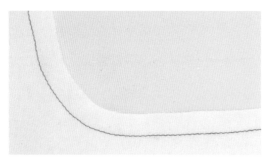

①在弧形处车缝。

②在弧形处剪几个口。开口和车缝针脚的距离约0.2cm左右。

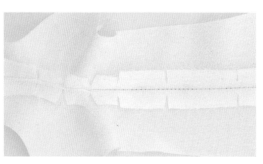

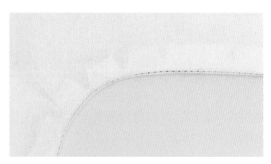

③用熨斗将缝份稍稍熨开。

④再翻过来熨烫正面，熨出平整的外形。

熨烫外弧形缝份的方法

处理外弧形窝边时，也同样需要在熨烫前剪几个口。

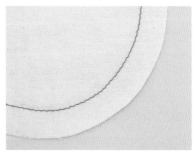

①在弧形处车缝。

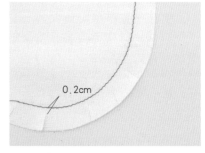

②在外弧形处剪几个口。开口和车缝针脚的距离约0.2cm左右。

③用熨斗将缝份稍稍熨开。

④再翻过来熨烫正面，熨出平整的外形。

哇！这怎么办呢？

疑难排解

只要花点钱，您就可请服装店依照需求来翻新和修改您的衣服。但其实您也可以自己动手试试本书中介绍的几种简易且快捷的修改方法。即使没有专门的裁缝知识，也能轻松掌握这些小方法。请将这些小窍门运用在您快乐的生活之中吧！

裤腰处的松紧带变松了！

裤子穿了几年后，加上洗涤时的受力，裤腰处的松紧带难免会变松。想要更换时，却又苦于找不到松紧带的出入口；再加上手边也没有穿引松紧带的专用工具，怎么办呢？请好好利用书中所介绍的简单又快捷的更换方法吧！

所需时间：10～20分钟

①用剪刀的尖部挑断车缝线，再剪开一个小口。

②从小开口里拉出松紧带。

③剪断松紧带。

新松紧带

④用安全别针将新松紧带和变松的旧松紧带别在一起。

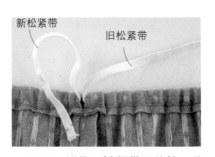

新松紧带　旧松紧带

⑤从另一侧将旧松紧带往外拉。此时，为了避免新松紧带的末端被拉入裤腰里，可用珠针将其固定在布料的周围。

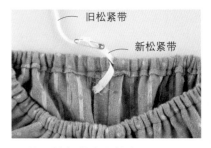

旧松紧带　新松紧带

⑥将旧松紧带完全拉出。

⑦取下安全别针和旧松紧带。再将新松紧带的两端叠合在一起用细手缝针缝合。若打成圆滚滚的结，腰处会不舒服，且一拉一松也容易松开。

⑧将步骤①剪开的小开口用细手缝针缝合。

⑨完成。

※此处使用的是色彩对比度明显的手缝线。实际缝合时，请使用与布料同色或颜色相近的手缝线。

　　若是更换裤腰处的松紧带，长度以腰围的90%左右为宜。不过，松紧程度也因人而异。所以，可以先穿一条长长的松紧带在裤腰处不剪断，待试穿后再确定松紧带的长度。在剪断多余的松紧带时，要多预留1cm（缝合两端时的缝份）。

松紧带的种类

　　扁平松紧带的宽度单位用"芯"来计量。数字越小，表示松紧带越窄、伸缩率越大。6芯松紧带宽度大约是0.5cm。可依需求选用不同粗细的松紧带。

方便穿引松紧带的小工具

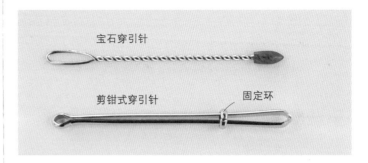

宝石穿引针

剪钳式穿引针　　固定环

剪钳式穿引针的使用方法

松开固定套环，将松紧带夹于两钳之间，再用固定环固定住。

宝石穿引针的使用方法

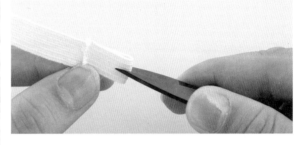

① 在松紧带一端的中心处剪一个小开口。

② 将穿引针从松紧带的小开口里穿过去。再将松紧带的另一边从穿引针尾端的孔里穿过去。

③ 抽出穿引针，再用力拉松紧带的另一端，直到将其牢牢固定住。

宽幅松紧带的穿引工具可以穿引较宽的松紧带或带状物品。

哇!缝姓名标签居然有这么多好办法

妈妈们要在小宝贝入学前将所有物品都标上他的大名。若偷懒直接用笔写，会显得既单调又无趣。来花一点心思挑选一个市售的可爱姓名贴或姓名标签吧!

缝制型（将姓名标签缝在衣物上）

所需时间：5分钟

①准备好缝制姓名标签。

②将姓名标签的两端向背面折叠。

③沿折痕将姓名标签锁缝在衣物上。若是需要用力洗涤的衣物，四边都要进行锁缝。

黏贴型（熨贴型）

①准备好黏贴型姓名标签。

②将姓名标签放在需要黏贴处，注意使用时黏接面朝下。

③用熨斗熨烫。

④待冷却后撕掉表面的贴纸。

⑤完成。

好用的小物件

缝制型姓名标签

只需将两端一折，再缝上去就OK!各种小插图可与姓名自由组合搭配。

熨贴型姓名贴

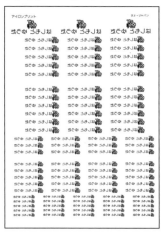

只需用熨斗一烫，即可将姓名烫印在衣物上!即使反复洗涤也不会脱落喔!熨贴型姓名贴还可印在袜子、手帕等小物品上。

手工制作
更有个性、更显水准！
专属的个人品牌姓名贴

小窍门

为了避免自家宝贝的姓名被外人知晓，所以在校外使用的物品和校外穿的衣服，姓名标签必须要缝在较隐秘位置。此外，由于年龄较小的小朋友还不识字，所以在姓名标签上最好附上插图。所有物品的姓名标签都用同样的插图，有助于小朋友们识别自己的物品。

好用的小物件

姓名贴贴纸

姓名贴贴纸有不同的尺寸，大小物品都可贴，非常方便。

撕下来往物品上一贴就成！即使用水冲洗，文字也不会掉，持久性相当好。可贴在便当盒、文具盒等小物品上。

◁ 放在围裙上

放在小口袋上 ▶

◁ 放在小玩偶上

放在手帕上 ▶

裙摆要是再短一点就好了！

为了赶时尚，有时想要把旧裙子的下摆改短一些。只要经过小小的修改，立刻就能让沉睡在衣柜中的旧款裙子恢复昔日的时尚活力！

Before

After

所需时间：30～60分钟

将裙摆不太大的裙子改短

①将裙子翻过来，在自己喜爱的长度处画一条横线。

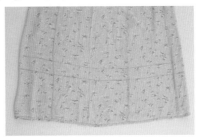

②在步骤①所画横线之下5cm处再画一条线，两条线之间的布料将用于裙摆的折边。

③沿着步骤②所画的横线，用剪刀剪下多余的布料。

④将裙边锁边处理。

折叠

⑤沿着步骤①的画线折叠裙边，并用熨斗将折边烫平。

⑥将裙摆假缝固定。

⑦用藏针缝法（参照第11页）将折边挑缝固定。

🪡 假缝的方法

在车缝或用藏针缝法锁缝之前，用缝线将布料固定的步骤叫做"假缝"。假缝固定应错开完成线，在折边侧进行是该步骤的关键所在。

①落第一针。

②以2～3cm的针脚再缝一针。

③按平行于这边的方向向前推进，直到将整个边固定住。

将裙摆较大的裙子改短

Before

After

所需时间：30～60分钟

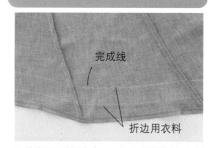

完成线

折边用衣料

①将裙子翻过来，在喜爱的长度处画一条横线。在其下3cm处再画一条横线，这3cm将用于裙摆的折边。

②剪掉多余的裙边。

③用包缝（车布边）对裁剪后的裙边做锁边处理。

④在步骤③的包缝（车布边）针脚旁边再疏缝一周。

⑤剪断车缝线，并留下较长的线头。

⑥用力拉面线和底线。

⑦向背面折叠裙边时，由于折边要长一些，所以需要边折边拉缝线，以免最后剩下一段。

⑧用熨斗将折边熨烫平整。

⑨将折边假缝固定。

⑩用藏针缝手法（参照第11页）将裙边挑缝固定，要细缝。

※此处使用的是色彩对比度明显的缝线。实际缝合时，请使用与衣料同色或颜色相近的缝线。

买回来的裤子太长了

是不是一直都认为，改短裤脚一定需要委托专业的裁缝师呢？其实，只要肯动手，谁都可以做到。就从修改家居裤开始吧！

所需时间：30分钟

用缝纫机改短裤脚（适用于牛仔裤、纯棉长裤）

Before

After

①在自己喜爱的长度处画一道记号线。在其下3cm处再画一道记号线。

②沿着横线剪掉多余的裤管。

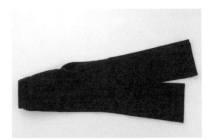

③另一只裤管也剪成一样长。

④将裤管向内折叠，使布料边沿与完成线相吻合。

⑤再沿着完成线向内折叠（形成三次折边）。

⑥为避免折边松开或移位，可用珠针或假缝的方式将其固定。

⑦在距折边0.2cm的位置用缝纫机车缝。

⑧完成。

※此处使用的是色彩对比度明显的车缝线。实际缝合时，请使用与衣料同色或颜色相近的车缝线。

用专用胶带轻松改裤脚

所需时间：5～30分钟

 Before

After

①剪掉多余的裤管，在自己喜爱的长度处向内折叠。

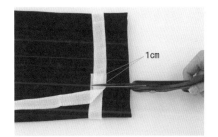

1cm

②将裤子翻到背面，在裤脚处缠一圈改裤脚的专用胶带。

改短裤脚专用胶带

③以折边的布边处于胶带正中央为宜，再用熨斗熨烫使其黏贴。

④完成。

⑤整齐又漂亮的正面。

※此处使用的是色彩对比度明显的白色胶带。实际缝合时，请使用与衣料同色系的专用胶带。

改短裤脚专用胶带

改短裤脚专用胶带有各种各样的颜色和尺寸，可依照衣料的颜色和宽度选择适合自己的产品。还可用于裙边脱线时应急处理。

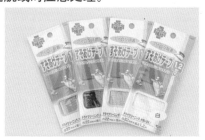

糟糕！脱线了

不知不觉中，衣服脱线了。此时，只要将缝线断开处再缝上就OK了。
若是线缝处的衣料破损就要考虑使用缝补方案了。

所需时间：5～10分钟

针织衣物的胁边脱线

开襟衫接缝处缝合与缝份边缘的锁边是同时进行的，只要有一处脱线就会
导致其他地方跟着脱线。所以，要趁开口还小时赶快缝补。

Before

After

①衣服翻到背面。

②沿着旧针脚用半回针缝缝补。注意，缝合
需从脱线口右侧1cm左右处开始。

③斜边完全缝补好。

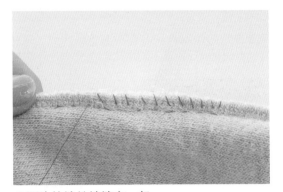

④两边的缝份锁缝在一起。

※此处使用的是色彩对比度明显的手缝线。实际缝合时，请使用与衣料同色或颜色相近的手缝线。

裤子的臀部处破洞了

此处是受力较大的部位，因此特别容易脱线。把它缝补得结实些吧！

 Before

 After

所需时间：15分钟

①用熨斗将缝份处的布边熨平整。

②沿着旧针脚痕迹将开缝的两边车缝在一起。裂缝的两端多车缝1cm左右。

③车缝完成。若只缝制一次不够结实，可以再车缝一次。

衬衫的袖子接缝处或过肩处开口了

衬衫的袖子接缝处或过肩处等部位脱线后，往往看不见原来针脚的痕迹，所以要尽量细密地锁缝。

 →  →

吃完饭后裤腰就有点紧

可使用负钩部分带有3个钩眼的可调节型钩扣。不过，即使是用这样的钩扣，可调的尺寸也不会超过3cm。若要做更大范围的调整，就得去专门的裁缝店。

可调三种尺寸的钩扣

所需时间：30～40分钟

①将带有三个钩眼的负钩缝在叠合布片的下片（缝法参照16页）。

②钩在最左处钩眼上的情形。

③钩在最右处钩眼上的情形。

🐾 好用的小物件

伸缩自如的钩扣

负钩（被钩的一边）上装有弹簧，可随着腰围的大小变化而伸缩。缝制这种伸缩钩扣时，应将负钩缝在重合布片的上片。也就是说，与一般的缝法恰好相反。

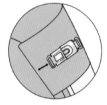

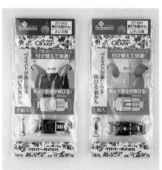

裙腰的里侧

裙腰的外侧

裙子

🐾 裤腰太松的情形

如果使用的是钩扣，就将负钩向内侧（让裤腰变小的位置）移动（缝法参照16页）。若使用的是纽扣也可按同样的方法修改。但为了不影响拉链的拉合，挪动范围最好在3cm以内。

移到这里

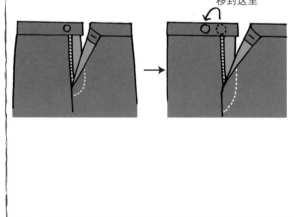

※此处使用的是色彩对比度明显的手缝线。实际缝合时，请使用与衣料同色或颜色相近的手缝线。

这颗扣子总是容易松开

这种情况在针织的衣物中比较常见。反复扣上、解开的动作让纽扣处的衣料慢慢变得松弛且没有弹性了。这个问题其实很容易解决哦！

啊？又开了

Before

After

所需时间：5分钟

①变大后的扣眼。

②扣眼下侧用手缝线锁缝。

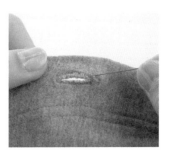

③缝完1次后，紧挨着再缝1针。重复2~3次。

④直到扣眼变小。

如何决定扣眼的大小

纽扣的形状、大小各有不同，所需的扣眼长度也不一样。一般而言，"扣眼的长度"＝"纽扣的直径"＋"纽扣的厚度"。若使用非圆形的纽扣，就将其最短处的尺寸作为直径来计算。

横扣眼的情形

所谓横扣眼，就是开口方向与纽扣的连线相互垂直的扣眼。纽扣缝好后，会有一个线脚。所以，扣眼的中心应向内移一些。待纽扣扣好后，加上线脚的长度，纽扣就恰好位于理想的中心位置。

纵扣眼的情形

所谓纵扣眼，就是在纽扣的连线上开启的扣眼。开启纵扣眼时，同样需要考虑缝纽扣时留下的线脚。因为，纽扣扣好后，线脚会向下滑。所以，纵扣眼的中心应适当向上移一些。

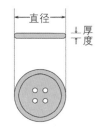

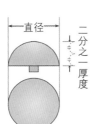

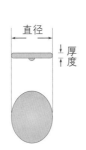

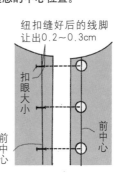

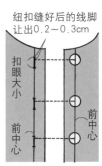

裙子穿起来不好走路，想个法子修改一下吧

在胁边或后中心缝份处开个衩口，就可以轻快自如地走路了。

所需时间：20分钟

①将背后中心线裙边缝线拆开10cm左右。

裙衩开口结束处

②在裙衩开口的顶端做个记号。

裙衩开口结束处

③用小剪刀或拆线器拆开从裙边到裙衩开口处的缝线。

④用熨斗将1cm的衬布熨烫在裙衩开口结束处。

⑤从开口处上方2cm左右的位置向下车缝，并自开口处回针缝。

车缝结束处

⑥用熨斗将车缝处熨烫平整。

⑦用熨斗熨烫出裙衩的形状。

⑧对裙衩的折边假缝固定。

⑨用藏针缝的手法（参照第11页）将裙衩的折边锁缝固定。

⑩车缝好拆开的裙边。

⑪为防止裙衩底端松开翘起，需用藏针缝（参照第11页）进行细针锁缝。

小窍门

拆缝线时，若用小剪刀不好拆，改用专门的拆线器可以轻轻松松一拆到底。

爸爸最喜欢的领带下端有点磨破了

领带的下端常会扫到皮带扣，容易磨损。所以，将领带改短1cm左右，不仅磨损处可以被完美地隐藏起来，还不会影响领带的使用。

所需时间：20～30分钟

①拆开领带背面下端的缝线。

②里布的缝线也拆开。

③依照原来的形状将衬垫平行剪掉1cm左右。

④沿着衬垫的轮廓将表布向内折叠，并用熨斗熨平。

⑤若有多余的里布，也依照原来的形状平行剪掉1cm左右。

⑥将里布置于表布的折边上，使其长度比表布短0.1cm，再假缝固定。

⑦以藏针缝细缝（参照第11页）。

⑧拆掉假缝线。

⑨对背面的叠合处稍加锁缝。

※此处使用的是色彩对比度明显的手缝线。实际缝合时，请使用与衣料同色或颜色相近的手缝线。

衬衫的袖口有点磨破了

男士长袖衬衫中最容易磨损的部位就是袖口和领口。若只有袖口磨破了，那就干脆把它改成短袖吧！

所需时间：30～60分钟

Before

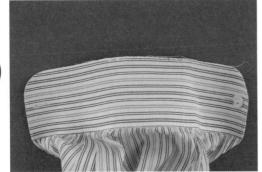

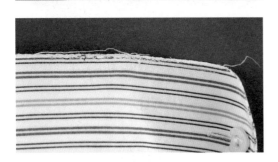

After

①测量手边的短袖衬衫的袖长，或直接量衣服主人的肩与肘部之间的尺寸。

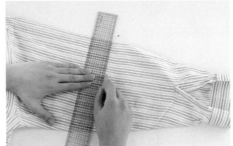

②以袖山处为起点测量袖长，并在袖口位置画上记号。

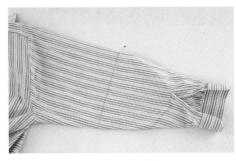

③画上完成线。

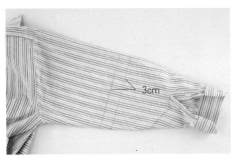

④在步骤③的完成线之下3cm再画出记号用于折边。

⑤沿着步骤④的画线裁掉多余的袖子。

⑥以同样的尺寸裁掉另一只袖子。

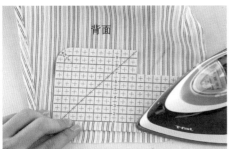

背面

⑦将袖口向背面折叠1cm。

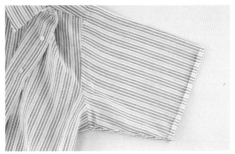

⑧折边1cm。

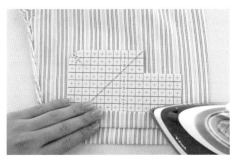

⑨再折一个2cm的折边。

⑩折边完成后的样子（三次折边）。

⑪用珠针固定折边，避免散开和错位。

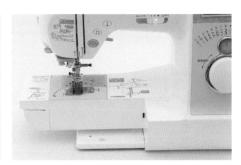

⑫收起缝纫机机台的底板。

⑬距折边0.2cm的位置车缝。

小窍门

　　画满了边长1cm小方格的方便尺规，夹在两层衣料之间，可简单量出折边的宽度。若没对目标位置事先做好记号，方便尺规即可帮您轻松找到。其材质耐高温，即使放在熨斗下熨烫也没关系。使用它，就能轻松做出笔直、平整的折边。

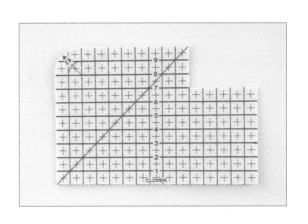

※此处使用的是色彩对比度明显的车缝线。实际缝合时，请使用与衣料同色或颜色相近的车缝线。

洗过的纯棉裤子缩水了怎么办?

纯棉的裤子（尤其是牛仔裤）经过多次洗涤后，裤脚会缩水变短。即使是裤脚折边比较窄的裤子，也能加长2cm左右。除了裤子，其他想要加长、但折边又不够宽的衣物也可尝试。

Before

After

所需时间：40～60分钟

※为了让示例看起来更清晰，此处特地使用了红色的斜纹布条。实际操作时，请使用与衣料同色系的斜纹布条。

①拆开裤脚的缝线。

②熨烫折边处，使折痕不明显。

③把裤脚边和斜纹布条正面对正面地叠合在一起，用珠针固定。

④在距裤脚0.5cm处车缝一圈。

⑤斜纹布条作为折边折到裤脚里面。

⑥沿斜纹布条处车缝一圈。

好用的小物件

相对于横布纹（参照第72页）45度的角度叫偏斜，纹理偏斜的带状布条叫做"斜纹布条"。

对折型

常用于领口、袖口、裙边等部位的折边。使用时，先将斜纹布条折在衣物的背面，再车缝固定。弧度较大时，用剪刀开几个牙口后再折边，这样才可以折得更平整、更漂亮。

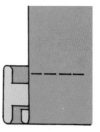
对折型

包边型

用于包边或镶边装饰。使用时，用斜纹布条将衣物的底边包住形成一个镶边。

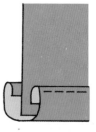
包边型

将裤脚的双折边改成普通的折边

把裤脚处的双折边改成普通的折边，裤子的风格将随之改变。同时，原本有些磨损的旧裤脚边也会焕然一新。真是一举两得啊！

所需时间：30分钟

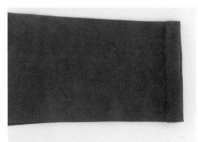

①拆除双折边两侧的缝线。

②将折边翻开，用牙刷刷掉沉积在内部的灰尘。

③把裤子翻过来拆掉脚边的缝线，再用熨斗熨烫平整。

④在完成线处画一道记号，再留5cm的折边，并做好记号。

⑤裁掉多余处。

⑥进行锁边处理。

⑦沿着完成线向上折边，再假缝固定。

⑧用藏针缝（参照第11页）锁缝。

⑨拆掉假缝线。

※此处使用的是色彩对比度明显的手缝线。实际操作时，请使用与衣料同色或颜色相近的手缝线。

修改裤管的大小

胁边和大腿内侧的缝份较窄，裤腿只能放宽1~2cm。此外，放宽后还会露出以前的针脚。所以，不建议将裤腿放大。相反，将裤腿改小就简单多了。

Before

After

所需时间：20分钟

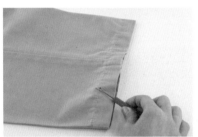

①拆掉裤脚边的缝线。

②用熨斗将折边熨平。

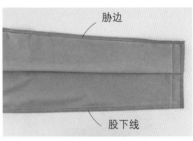

胁边
股下线

③在膝盖以上的两侧和内侧画好修改线。

④在修改线以外2cm左右的位置下针，在旧针脚上再次车缝。

⑤沿着步骤③的修改线车缝。

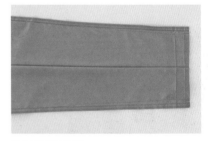

⑥针脚处熨平。

⑦沿着新的车缝线将缝份向后折叠（胁边、股下线）。

⑧胁边及大腿内侧处的缝份太宽时，要将多余的部分剪掉，留下0.3cm左右即可。

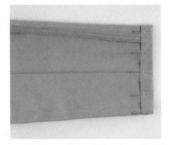

⑨裤脚叠成三次折边，并用珠针固定。

⑩在距折边0.2cm处车缝。

魔术毡失去黏性了

魔术毡用久后，毛茸茸那一面的绒毛渐渐变少，会有些贴不牢。此时，可买个新的魔术毡来换一下！

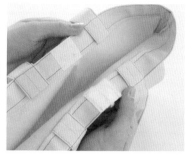
Before

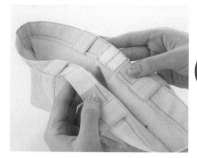
After

所需时间：10分钟

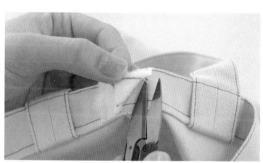

①拆掉绒毛变少的旧魔术毡。

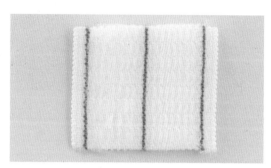

②准备好一块同样大小的新魔术毡。

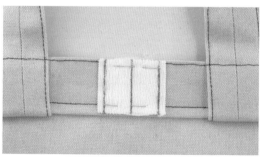

③将新魔术毡假缝在原来的位置。

④对新魔术毡的四边车缝。

小窍门

魔术毡

长条形的魔术毡可根据需要剪成适当的长短。还有如图所示的纽扣形魔术毡。

长条形

底面用　　上面用

纽扣形

※此处使用的是色彩对比度明显的车缝线。实际操作时，请使用与衣料同色或颜色相近的车缝线。

拉链坏了怎么办？

拉链基本上都很结实，不容易坏，但难免会遇到拉链坏了的情况。这里所介绍的方法可以轻松换掉坏了的拉链。换裤子的拉链有一定难度，但短裙或连身裙的拉链是可以自己动手换的喔！

所需时间：60分钟

普通拉链的换法

①将缝纫机的压脚换为拉链压脚。

②依序拆除腰带里布和拉链处的缝线。

③准备好新拉链。拉链的长度应比裙子上的拉链开口长1cm左右。

④将拉链开口熨烫平整。

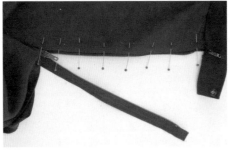

⑤将拉链置于拉链开口之下，用珠针固定。

⑥假缝固定。

⑦拉开拉链并开始车缝。

⑧车缝到一半后拉上拉链，并车缝完剩下部分。

⑨合上裙子的开口处，用珠针固定。

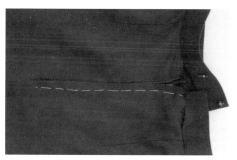

⑩假缝固定。

⑪车缝固定上片的拉链。

⑫继续对开口结束处车缝。

⑬把拉链与里布锁缝在一起（参照第11页周边缝的缝法）。

⑭锁缝拉链的另一边。

⑮将腰带翻过来置于裙子表布上（参照第11页周边缝的缝法）。

⑯车缝好步骤②拆开的两处。

⑰立起腰带来，对其周边锁缝。

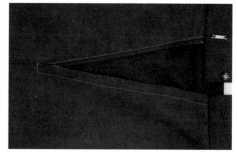

⑱完成。

※此处使用的是色彩对比度明显的车缝线。实际操作时，请使用与衣料同色或颜色相近的车缝线。

缝制隐形拉链

①准备好隐形拉链压脚。

②拆掉拉链四周的缝线。

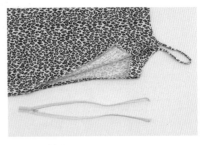

③拆开拉链。

④用熨斗将拉链开口熨平。

⑤将开口两侧叠合在一起，用珠针固定。

⑥疏缝开口处。

⑦熨开缝份。

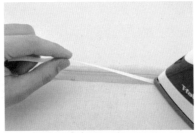

⑧在隐形拉链的表面贴上定位胶带。若没有定位胶带，可用假缝线假缝固定。

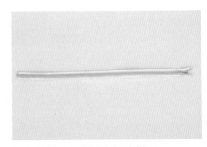

⑨在拉链两侧都贴上胶带。

⑩撕掉胶带表面的贴纸。

⑪将拉链贴在缝份上，黏贴时使拉链牙与针脚刚好吻合。再用熨斗熨烫黏贴。

⑫拆掉假缝线。

⑬拉开拉链车缝。

⑭将隐形拉链的布边与缝份一起车缝。

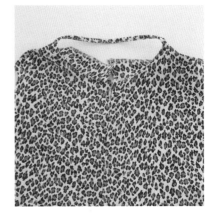

⑮拉上拉链。

⑯将隐形拉链的布边锁缝到步骤②拆开的贴边内（参照第11页周边缝的缝法）。

⑰完成。

※此处使用的是色彩对比度明显的车缝线。实际操作时，请使用与布料同色或颜色相近的车缝线。

好用的小物件

定位胶带　衣料用水消笔

　用于代替假缝的方便小物。在没有假缝线或赶时间时都可以使用。不过，这些产品只是暂时黏接，下水之后就会失去黏性。所以，黏接后请务必车缝。

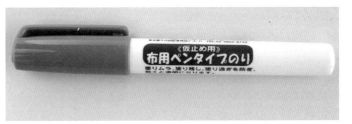

红白帽的松紧带失去弹性了

帽子还好好的，但松紧带已经没有弹性了，买新的又觉得有点浪费……其实，只要换条松紧带，就可以继续使用了。既然如此就花一点工夫来换吧！

所需时间：10～20分钟

①拆掉松紧带两端的缝线（1cm左右）。

②取下松紧带。

③准备好6芯左右的松紧带。测量小朋友头的尺寸后确定松紧带的长度，剪松紧带时别忘了加上1cm的缝份。

④新松紧带放入步骤①拆开的小开口里。

⑤用珠针或假缝固定。

好用的小物件

柔和型帽带是为皮肤细嫩、不喜欢弹力太强的松紧带的人士设计的。与相同粗细的其他松紧带相比，弹力更小、收缩性更大。

⑥缝纫机换上适当颜色的面线和底线。此处使用红色的面线、白色的底线。再将拆开处车缝好。

⑦松紧带换好后再缝上小朋友的姓名标签。

被小狗咬坏的布玩偶，有没有办法补好呢？

喜爱的布玩偶，即使是有点破了也舍不得扔掉。虽说小熊的表情会和以前有点不一样，但总算是补好了！

Before

After

所需时间：10分钟

①缝补布玩偶时，应事先准备好布玩偶专用的手缝针。

②从最不显眼的后脑勺下针并对准眼睛的位置刺下去。

③用黑色的带脚纽扣当小熊的眼睛。将缝线穿过纽扣的扣眼，再将手缝针刺回去。

④稍微用力拉一下。

⑤不要剪断线，重复步骤②至③缝好另一只眼睛。

⑥不要剪断线，将针扎向鼻子的位置，缝好鼻子处的纽扣。

⑦缝好鼻子。

⑧在后脑勺打止缝结。最后在小熊的脖子上扎一条缎带以盖住线脚。

※此处使用的是色彩对比度明显的手缝线。实际操作时，请使用与布料同色或颜色相近的手缝线。

伞布和骨架分离了，多可怜啊

使用雨伞时，最容易损坏的就是伞布与伞架的缝合处。打开不好修，收拢再缝就简单多了。

Before

After

所需时间：5分钟

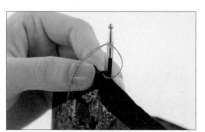

①为了缝得牢固，穿针时穿双线。缝合时，从雨伞的背面下针。

②针线由伞骨的孔里穿过，并缝制在另一侧的布料上。

③重复步骤①②2～3次。

④为了缝得更加牢固，缝线绕伞骨2～3次。

⑤在绕线的上侧打止缝结，完成。缝制时请将雨伞收拢。

※此处使用的是色彩对比度明显的手缝线。实际操作时，请使用与布料同色或颜色相近的手缝线。

黑色的T恤衫褪色了……

衣服经过多次洗涤后，难免会褪色。为了让自己喜欢的T恤衫穿得更久一些，就染一下让它重现当初鲜亮的浓黑吧！现在，市面上有许多加水就可用的方便染料。

所需时间：3小时30分钟

Before

After

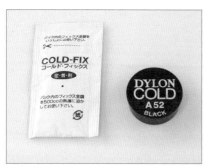

使用冷染彩色颜料。

①浸染前，务必将衣服洗净，去除脏污、粉浆以及其他异物。洗后就直接放在水盆里，不要晾干。

②倒入一罐黑色颜料，加入500mL温水（40～50℃）并充分搅拌，使其完全溶解。

③将3袋定色剂和250g食盐倒在热水里，充分搅拌使其完全溶解。

④把步骤②与③的溶液混合在一起，再往里面加入适量的水，以刚好能将T恤衫浸泡在里面为宜。

⑤将待染的T恤衫放入步骤④的溶液里。放入时要记得带上塑胶手套操作。

⑥充分揉洗30分钟左右，再浸泡2小时30分钟，并时常搅拌一下。

⑦清水反复漂洗后，再用热水加中性洗涤剂清洗。

⑧用清水漂洗干净，脱水后挂在阴凉处晾干。

⑨完成。

延缓深色T恤衫等衣物褪色的洗衣技巧

①不要将深色和浅色衣物放在一起洗。
②避免使用含漂白剂的洗涤剂。
③机洗时，将衣服翻过来放在洗衣网内。
④翻面置阴凉处晾干。

防褪色洗涤剂

最近，市面上有具有防褪色功能的洗涤剂，能有效减慢褪色速度。此处介绍的是黑色衣物专用的洗涤剂。

最喜爱的衣物沾上污渍了,怎么办?

一不小心衣服上就沾到了污渍,立刻就放弃还太早哦!在把衣服送去专门洗衣店之前,请务必先尝试一下这些简单可行的小妙招。

污渍可分为3大类

水溶性
能溶于水的污渍,如酱油、咖啡等。

油性
含油分的污渍,如咖喱、口红、圆珠笔油墨等。

不溶性
不溶于水也不溶于油的污渍,如泥巴、口香糖等。

※在识别污渍到底是水溶性还是油性时,可滴一滴水在污渍上面,如果水能够渗入到污渍里,则说明是水溶性的;如果互不相溶,则说明是油性的。

去除污渍的原则

1. 立即去除
时间拖得越久越不容易去除。大多数的水溶性污渍只要用水一洗即可被清除,所以一旦沾上污渍就尽快把它处理掉吧!

2. 不要擦拭
擦拭可能会把衣服弄坏。最好的方法是在衣服下垫上毛巾再轻轻按压,让毛巾把污渍吸走。

3. 从污渍外侧开始去除
蘸上药品或水。若从污渍中心开始处理的话,污渍会向外扩散,反而会弄脏衣物。所以,一定要从外侧开始,小心处理。

各种污渍的处理方法

介绍日常生活中易沾上的各种污渍的去除方法。处理时,请先在衣服下垫上毛巾,然后对症下药,从污渍的背面进行处理。

酱油、调味汁
酱油是水溶性的,调味汁是油性的,但基本上它们的去除方法是一样的。首先,立即用纸巾完全吸掉污渍中的水分,再用牙刷蘸上中性洗涤剂轻轻拍打。

咖喱、肉汁
将中性洗涤剂加在温水中,再用牙刷或棉花棒蘸上轻轻按压即可去除。另外,用固体肥皂轻轻擦拭也可去除。若污渍没有立即处理,在衣服上留下了色斑,请用适合该衣服质料的漂白方法进行漂白处理。

口红
用布蘸上挥发油或酒精轻轻按压即可。

泥浆
将泥浆完全烘干后,用牙刷将泥土轻轻地刷掉,再用牙刷蘸上中性洗涤剂轻轻拍打。虽说是泥浆,但其中大多混有汽油等油性物质,因此,多数情况下只用水是不能完全去除的。一定要注意这一点。

粉底液
先用纸巾将粉底液中的粉尽可能地擦掉,再用牙刷或棉花棒蘸上酒精轻轻按压。

圆珠笔的油墨
用布蘸上酒精的水溶液轻轻按压。

善用随手可得的小物去除污渍

用"萝卜"去污渍

将萝卜切开，用其刀口擦拭血渍部位（或在血渍上铺一层萝卜泥，再轻轻拍打）。萝卜中含有一种叫淀粉酶的成分，能将血液分解、彻底去除。
※血液和牛奶、鸡蛋一样，含有蛋白质成分，所以，不能用热水来洗血渍。

用"砂糖水"去除陈年的水溶性污渍

用布蘸上稍甜的砂糖水（放入1至2大匙砂糖至100mL温水内）轻轻按压即可。虽然不知道是什么原理，但蛮管用的，是流传许久的好方法。

在外用餐时用"米饭"去除调味汁、番茄酱的污渍

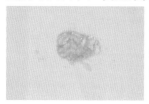

当调味汁、番茄酱沾到衣服后，可立即用煮熟的米粒擦拭。米粒可以吸收液体，避免其渗透到衣料内。回家后，只要再用水搓洗即可。

用"吐司"去除熨斗烫焦处和包包上的污渍

用吐司中间白色部分对污渍部位进行擦拭，就像用橡皮擦掉铅笔笔迹一样，轻轻松松将熨斗烫焦处和包包上的污渍带走，干净得让人觉得不可思议。请尽量使用松软的面包。

用"柠檬"去除咖啡渍或红茶渍

时间一久就难以去除洒在衣服上的咖啡和红茶渍，但柠檬对此有奇效。只要用布蘸上柠檬汁轻轻按压，再用热毛巾轻轻擦拭即可彻底去除。
※没有柠檬时，可用醋代替。

用"卸妆水"或"爽肤水"去粉底液

在沾有粉底液的地方滴几滴卸妆水，再轻轻搓洗。和卸妆一样，沾在衣服上的粉底液也可用卸妆液轻轻除去。此外，还可用棉花棒蘸上含酒精的爽肤水轻轻擦拭，其中的酒精成分能有效地去除粉底液。

去污渍时使用的小物品

酒精

　　乙醇的一种，主要被当作消毒液。可在药房买到。

中性洗涤剂

　　用来洗碗的洗涤剂。可溶解食用油，所以，无论是水溶性还是油溶性物质都能轻松去除。

氨水

　　氨的水溶液，是用来杀虫的药品。药房有售。

挥发油

　　汽油的一种，石油蒸馏后制成的液体。药房有售。

双氧水

　　过氧化氢的水溶液，常用于消毒、杀菌和漂白。药房有售。

熨烫衬衫有诀窍吗？

衬衫最重要的地方就是领口和袖口。如何将这两处烫平整是熨烫衬衫的关键所在。记住，熨衣服不只是来回滑动熨斗，还需要时不时地用力按压。若不熟练掌握这些技巧，反而会意外地弄出些褶皱来，只要多练习几次后就会有很大的进步。

所需时间：10～20分钟

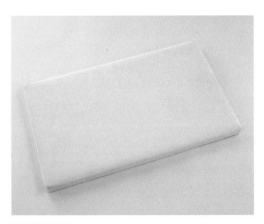

准备好熨斗、烫衣板。使用平展的烫衣板是熨好衣服的前提。

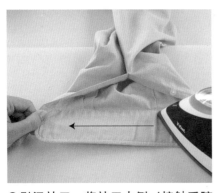

①熨烫袖口。将袖口内侧（接触手腕的一侧）平铺开，熨烫时左手用力将袖口向左侧牵拉。

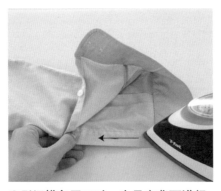

②熨烫横向开口时，也是在背面进行。

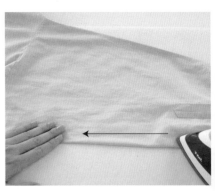

③将袖筒对折，熨烫出两条折痕。

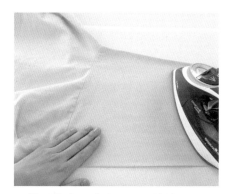

④使用整个熨斗表面熨烫袖筒。

⑤熨烫衣领。在衣领的内侧进行。熨斗从衣领的一端向中心滑动，直到三分之二左右的位置，左手要用力拉。

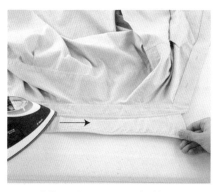

⑥熨斗换到左手，从衣领的另一端开始向中间熨烫，直到三分之二左右的位置。

⑦熨烫过肩处。

⑧沿着衣领接缝滑动熨斗，可以使衣领就此变得硬挺了。

⑨熨烫衬衫的后背。

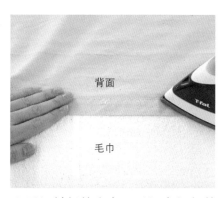

⑩熨烫衬衫的衣身。熨烫有纽扣处时，在衬衫下面垫一条毛巾，就不会留下纽扣的痕迹了。

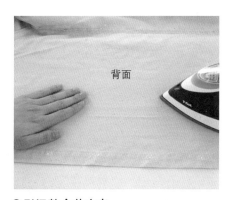

⑪熨烫整个前衣身。

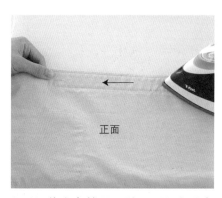

⑫熨烫前衣身的另一端。熨烫扣眼部位时，要用力拉。

有没有使凸出的膝盖处变平整的方法呢？

介绍一种利用熨斗高温和蒸汽来抚平膝盖处的方法。

所需时间：10～20分钟

Before

After

①准备一个喷雾器。有了蒸汽熨斗后，很多人觉得不需要特地准备喷雾器，其实，有了喷雾器就可以多喷点水，烫衣服时就更加方便了。

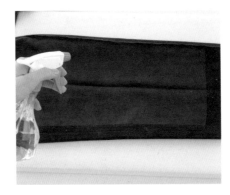

②将裤子翻过来，在膝盖处喷点水。

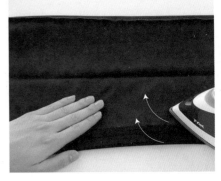

③并不是立刻就对膝盖处进行熨烫，而是从周围向膝盖凸出处熨烫。熨烫时，要将熨斗稍微抬起一些。

④将另一侧的布料也从外侧往中心熨烫。

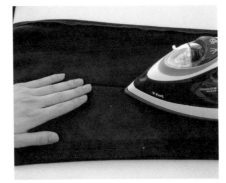

⑤熨烫膝盖处。刚开始时，要将熨斗稍微抬起一点，再逐渐用力按压。

裤脚

裤缝

⑥将裤脚和裤缝内侧的缝份叠在一起。

⑦若有褶痕喷雾器，就对褶痕处喷点。

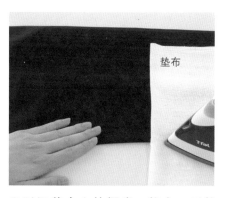

垫布

⑧熨烫前中心的褶痕。垫上一层垫布，可防止布料变得光溜溜的，就可以放心地熨烫了。

⑨顺着褶痕往上熨烫，直到裤腰下为止。

⑩熨烫裤子的后面。与前面一样，从裤脚处开始往上熨烫，直到裤腰下为止。

⑪熨烫裤腰和后臀部的裤带。

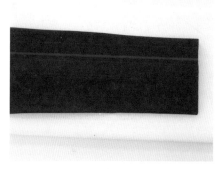

⑫膝盖部位凸出处不见了，变得非常平整。

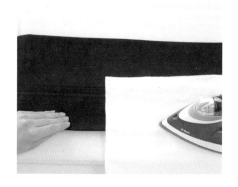

⑬用同样的方法熨烫另一只裤管。

好用的小物件

强力褶痕定型剂

　　熨烫前向褶痕处喷一点，让褶痕更加持久的定型喷雾剂。百褶裙等有褶皱的衣物也可使用，非常方便。使用时，请先在废弃布料或不显眼的地方试用一下。

衣服破了，可以这样补救

衣服被烫坏或摔跤时被磨破……事后若能完美地修补好，就还可以继续穿。但用传统的手缝法一针一针地缝补，就算补得再好也看得出来。不用急，有了修补破洞的专用布料，精工缝补就变得简单可行了。

裤子的膝盖处磨破了……

所需时间：10分钟

①将露出线头的破洞处修剪整齐。

②若破洞较大，用原处的布料不能修复。需准备好表面和里面用的修补布料。

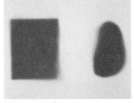

③将修补里面用的布料放置于破洞的里侧。

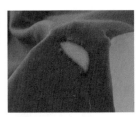

④将缝补表面用的布料放置于洞的上面。

⑤垫上垫布后熨烫。

⑥放置到完全冷却为止。

衬衫的下摆被钩破了……

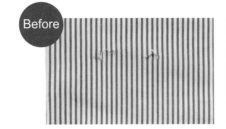  

所需时间：10分钟

①将露出线头的裂口处修剪整齐。

②用熨斗将破裂处熨烫平整，到肉眼看不出有裂口。

③剪下一块比裂口稍大的修补布料。

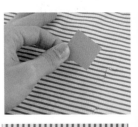

④将修补布料黏接面朝下放在裂口上。再补一层垫布。

⑤用力压烫，不要滑动熨斗。

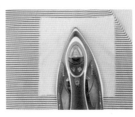

⑥放置到完全冷却为止。

袖口被滑雪板弄破了……

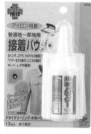

修补用背胶布料

 Before

 After

所需时间：5分钟

①剪下一块比裂口稍大的尼龙布。

②撕下背胶表面的贴纸。

③将背胶布料贴在裂口表面上。

④完成。

※该方法适用于不能用熨斗烫贴的衣料。

这怎么有个烫坏的小洞呢？

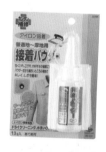

修补用黏接粉

 Before

After

所需时间：20分钟

①沿烫焦的破洞边稍微剪掉一点。

②从折边上剪下一块衣料用于修补破洞。

背面

③从步骤②剪下一块与步骤①的破洞大小相当的衣料，并从背面把破洞堵住。

④撒上修补用黏接粉。

⑤准备一块与破洞大小相当的衣料盖在破洞上，再用熨斗烫贴。

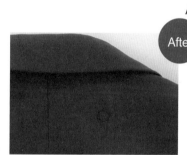

毛衣的手肘处破了个洞……

双面胶贴

Before

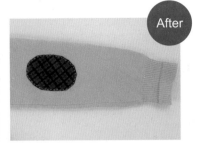
After

①准备双面胶贴。

②准备两块补丁衣料。并在其周围预留1cm左右的缝份用料。

③剪下1块与补丁大小相同的双面胶贴。

④在步骤②的背面折出1cm，再贴一层双面胶贴。

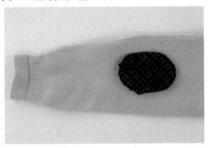

⑤将步骤④的黏接面朝下放在毛衣的破洞处。

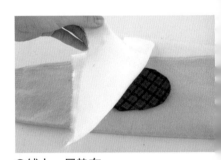

⑥铺上一层垫布。

⑦用熨斗熨烫。不要滑动熨斗，用力按压即可。

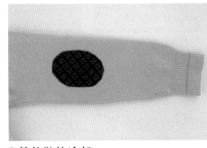

⑧等待散热冷却。

⑨用不同颜色的手缝线沿周边平针缝一圈，既牢固又美观。

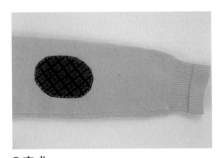

⑩完成。

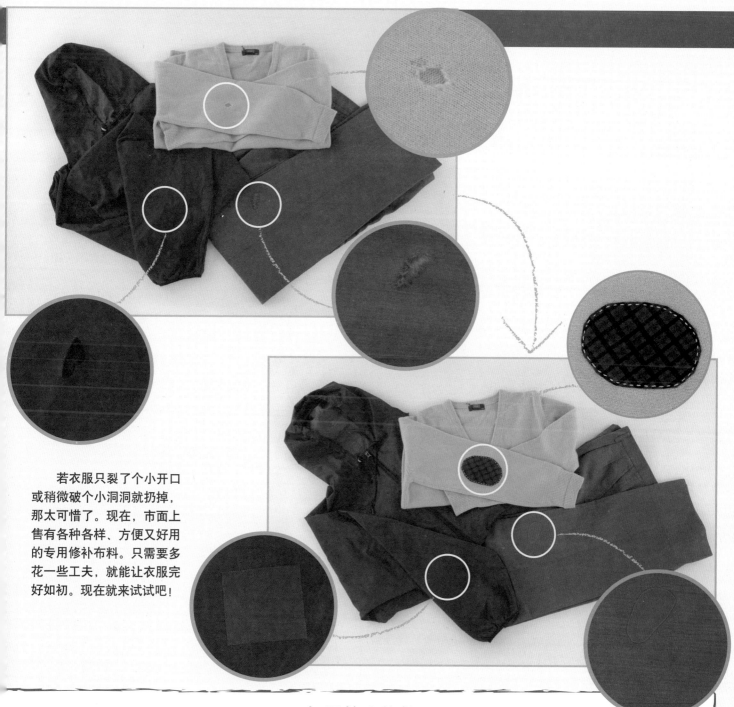

若衣服只裂了个小开口或稍微破个小洞洞就扔掉，那太可惜了。现在，市面上售有各种各样、方便又好用的专用修补布料。只需要多花一些工夫，就能让衣服完好如初。现在就来试试吧！

好用的小物件

加厚衣料用修补布

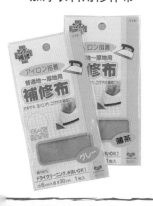

牛仔面料用修补布

尼龙面料用修补布

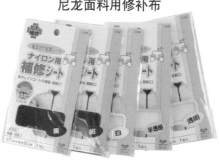

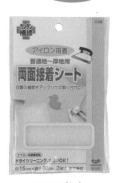

双面胶贴

洗涤标志这样看

没看清标签上的说明就洗涤和熨烫衣服，容易造成衣服缩水或损坏。你有没有遇过这样的情形呢？再来温习一遍已经熟知或还不曾见过的洗涤标志吧，让洗衣时做到零失误。

洗涤标志及其含义一览表

标志	含义	标志	含义
95	水温95℃以下机洗	不可熨烫	不可熨烫
60	水温60℃以下机洗	干洗	使用四氯乙烯或石油系列的溶剂干洗
40	水温40℃以下机洗	干洗 石油系列	使用石油系列的溶剂干洗
弱 40	水温40℃以下轻柔机洗或小心水洗	干洗	不可干洗
弱 30	水温30℃以下轻柔机洗或小心手洗	轻柔拧干	用手轻轻擦干或短时间脱水
水洗 30	（不可机洗）水温30℃以下小心手洗		不可拧干
	不可水洗		悬挂晾干
可氯漂	可使用含氯漂白剂进行漂白		悬挂于阴凉处晾干
不可氯漂	不可使用含氯漂白剂进行漂白	平铺	平铺晾干
高	210℃（180~210℃）以下高温熨烫	平铺	阴凉处平铺晾干
中	160℃（140~160℃）以下中温熨烫	40 使用洗衣袋	机洗时使用洗衣袋
低	120℃（80~120℃）以下低温熨烫	高	熨烫时使用垫布

一天就能完成的布艺小物

只需利用孩子出门上学这段时间就能够完成的简单小物。
偶尔也来感受一下自己动手制作布艺小物的乐趣吧!
虽然需用缝纫机车缝的作品有很多,但也有许多适合手工缝制的布艺小物呢!

基础篇
缝制布艺小物时的必备工具

有了这些工具，就能做出大部分的手工小物。等熟练后，再依据个人的需要添置一些方便、实用的新用具。

方格尺

用于绘图和测量尺寸。每隔5mm就有一条刻度线，绘制平行线时也很方便。

假缝线（疏缝线）

还不熟练手缝时，就先假缝后再正式缝制，这样会缝得更加整齐、漂亮。一般使用白色的假缝线，但随着面料颜色的不同，也需要使用显眼的粉红色或蓝色手缝线。

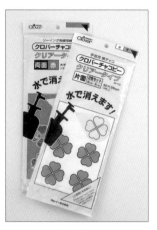

手工用复写纸

绘制完成线或做记号时使用。将其夹在纸型和衣料之间或衣料和衣料之间，再用点线器将画线印到衣料上。单面复印、双面复印的都有。

剪布剪刀

剪刀的握持方法和使用方法请参照第4页。

缝纫机

使用方法请参照第21页。

手缝时必要用具

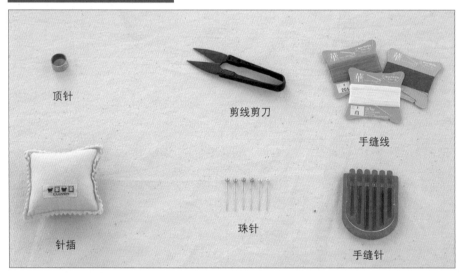

顶针

剪线剪刀

手缝线

针插

珠针

手缝针

这些都是手缝时的必备用品，请务必要备齐哦！详细的使用方法请参照第4～5页。

熨斗

使用方法请参照第27页。

认识布料、缝线和车缝针

为了能缝得牢固，有必要对布料、缝线和车缝针的种类有基本的认识。厚质布料要使用厚布料专用的缝线和车缝针；薄布料应使用适合薄布料的缝线和车缝针。若用与布料不相匹配的针和线，就有可能引起跳线、断线、断针等异常情况。

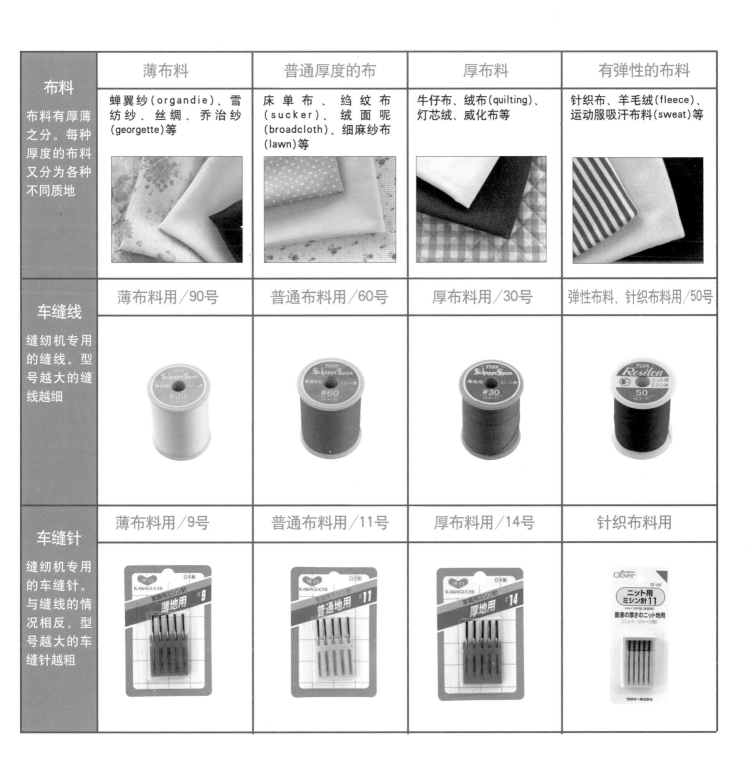

布料 布料有厚薄之分。每种厚度的布料又分为各种不同质地	薄布料 蝉翼纱（organdie）、雪纺纱、丝绸、乔治纱（georgette）等	普通厚度的布 床单布、绉纹布（sucker）、绒面呢（broadcloth）、细麻纱布（lawn）等	厚布料 牛仔布、绒布（quilting）、灯芯绒、威化布等	有弹性的布料 针织布、羊毛绒（fleece）、运动服吸汗布料（sweat）等
车缝线 缝纫机专用的缝线。型号越大的缝线越细	薄布料用／90号	普通布料用／60号	厚布料用／30号	弹性布料、针织布料用／50号
车缝针 缝纫机专用的车缝针。与缝线的情况相反，型号越大的车缝针越粗	薄布料用／9号	普通布料用／11号	厚布料用／14号	针织布料用

※这里所介绍的商品只是其中一部分，市面上还有其他各式各样的车缝线和车缝针。

识别布料的正反面

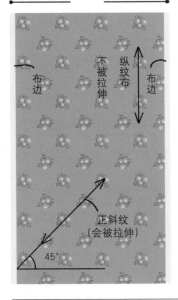

布料的边宽

布边　　　　纵纹布　　　　布边
　　　　不被拉伸
正斜纹
（会被拉伸）
45°

布边和布纹

　　布料的两侧（没有线头绽开的部位）被称为布边。布纹与布边平行的布料叫做"纵纹布"，布纹与宽边平行的布料叫做"横纹布"。纵纹布不易被拉伸，45度的正斜纹布料最容易被拉伸。

正面　背面

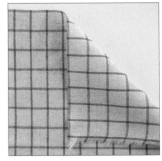

　　印花或花纹等看起来较清楚的一侧是布料的正面。如左边图片所示，布边上印有花纹或文字的一面是布料的正面。若遇右边图示难以辨认的情况，请自行将其中的一面定为正面，即可避免混淆正反面的情况。

选择缝线颜色的方法

　　一种布料内往往交织着几种颜色，即使是选择与布料同色系的缝线，也常会面临着许多种选择。要从中选出刚好合适的缝线颜色是非常困难的。在此提供了几种不同布料的缝线选择方法，作为参考。

NG

OK

颜色为同色系较多的情形

　　布料的底色为绿色系的颜色较多，所以要选择绿色系的缝线。但是，太深或太浅的绿都不合适，要选择与底色相近的颜色。

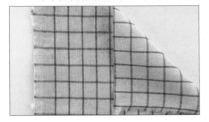

NG

OK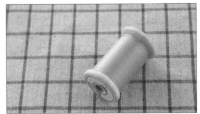

双色布料的情形

　　不想用花格子中抢眼的深红色，且布料中浅驼色的比例又较多，可以选择用浅驼色系的缝线。

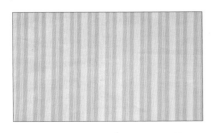

NG

OK

布料中交织多种颜色的情形

　　选择粉色似乎也不错，但在布料中所占分量太少，会显得不协调。既然布料中的所有颜色都是浅色调的，那就选所占分量最多的浅色作为缝线的颜色吧。

整理布料

　　刚买回来的布料会有经线和纬线没有正交垂直或歪斜变形的情形。若直接使用，做出的作品容易有瑕疵。所以，使用前要整理布料，使经线和纬线垂直交织。

整理棉、麻布料

①抽掉一根纬线。

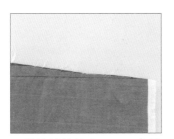

②抽掉纬线处出现了一条缝隙线。

③沿缝隙线裁剪布料。

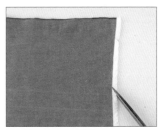

④在布边上斜着剪几个牙口。千万不能横着剪。

⑤在水里浸泡1小时左右，使水分充分渗到布料内。

⑥整理平展后阴干。半干即可。

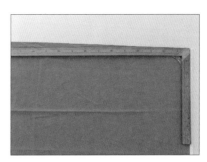

⑦将布料平铺开，用直角尺确认其歪斜的方向。

⑧一点一点地扯，修正歪斜的布料。

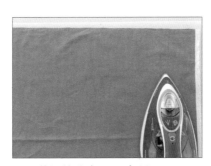

⑨沿着经线方向熨烫布料。

⑩沿着纬线方向熨烫布料。

裁剪和画记号线

纸型分为带缝份的和不带缝份的两种。带缝份的在裁剪之后需画上完成线，而不带缝份的在裁剪时要自行加上缝份的用料。

裁剪的方法

包含缝份的纸样

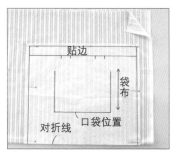

①将纸样放在布料之上，用珠针固定。

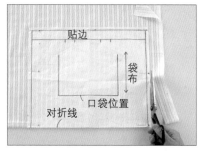

②依照纸样裁剪。

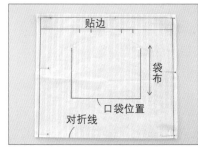

③裁剪完毕。

不含缝份的纸样

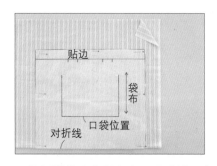

①将纸样放在布料之上，用珠针固定。

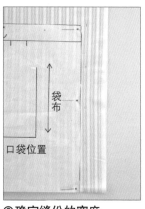

②确定缝份的宽度。

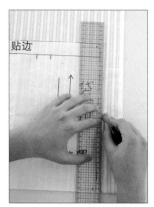

③在缝份布料上画上记号线。

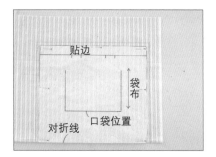

④画好记号线。

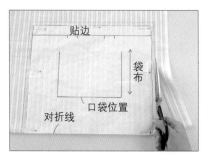

⑤沿着缝份记号线裁剪。

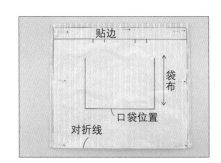

⑥完成。

画记号线的方法

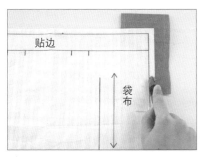

①在两层布料之间夹入一张手工用复写纸，再用点线器画出记号线。

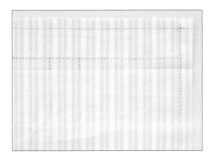

②画线完成。

画记号线时的必备用具

粉块和手工用复写纸

除了常见的粉笔型粉块和手工用复写纸之外，还有各式各样做记号的用具。如铅笔状的画粉笔、记号笔，能溶于水的粉土笔等。

粉块

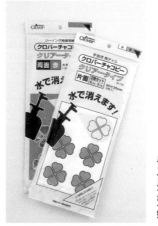

手工用复写纸

粉土笔

认识点线器

用手工用复写纸将记号线印到布料上时，点线器是必不可少的工具。使用时，将复写纸夹在布料之间，在纸型的完成线上滚动点线器即可。有许多种类，如硬的尖尖齿、软的尖圆齿，还有可同时印出缝份线与完成线的双齿轮型等。

点线器（尖硬型）

点线器（柔软型）

双齿轮点线器

认识黏合衬

　　黏合衬就是背面带有胶的衬布。使用时用熨斗加热熨烫，就可使其黏合在衣料的背面。虽然不一定非要用黏合衬，但用它能让作品更坚固、更有型。所以不妨试一下。

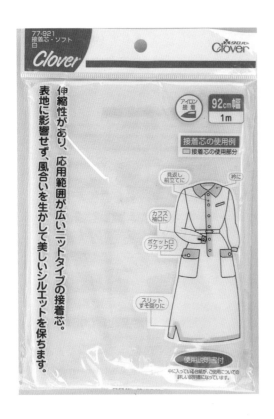

贴上黏合衬的好处

①使布料有张力，让作品轮廓清晰、更加有型。

②防止衣服和小物变形走样。

③能够防止容易被拉伸的布料变形，使车缝更加方便易行。

④能够增加厚度和硬度。

黏合衬的正面和反面

　　不要把黏合衬的正面和反面弄错了！黏合衬的背面是黏合面，带有黏胶，所以摸起来比较粗糙。经过确认后再黏合吧！

表面

背面

黏合衬的种类

布料型

　　多为平纹的，具有方向性。裁剪时应使黏合衬与面料的布纹方向一致。

不织布型

　　质地轻，不易起皱，不易散开，所以非常好操作，不适用于有伸缩性的布料。大部分都没方向性，可随意无缝裁剪。

编织型

　　伸缩性良好、手感柔软。由于是编织而成的在黏合时会收缩一些，所以，裁剪时应考虑到收缩量，裁得比纸型稍大一点。

黏接的条件

在黏接黏合衬时，有温度、压力和时间3个必要条件。实际使用时，务必注意这3方面的状况。

温度	过高	黏胶过度熔化，以致粘贴强度降低。熔化的黏胶渗漏到面料或黏合衬的表面	压力、时间	太强 太长	面料的手感变差 从面料上能看到黏合衬的轮廓
	过低	黏胶不能充分熔化，以致粘贴强度降低		太弱 太短	不能将黏合衬黏合到面料上

黏合衬的粘贴方法

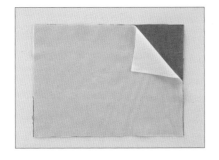

①将布料的背面和黏合衬的黏合面贴合。

②铺上垫布，从中心往两侧熨烫（参照下面的插图）。

③等待散热冷却。

④记号线要在贴完黏合衬后画。

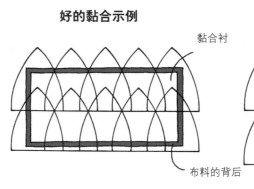

好的黏合示例

黏合衬

布料的背后

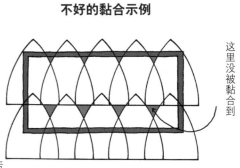

不好的黏合示例

这里没被黏合到

实践篇
我的布包

　　塑胶袋造型的购物用布包，容量比较大，在每天的购物生活中扮演重要的角色。折起来方便收纳，不占空间，平时也可以使用。

原尺寸纸样A

表布（棉布混纺）
100cm × 90cm

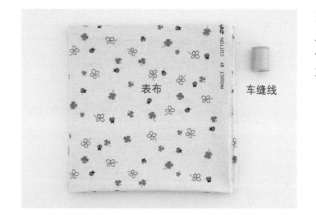

表布

车缝线

※此处使用的是色彩对比度明显的车缝线。实际车缝时，请使用与布料同色或颜色相近的车缝线。

制作方法

裁剪 画记号线

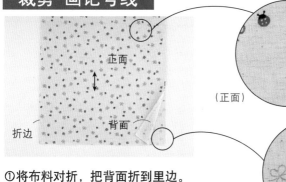

正面

折边

背面

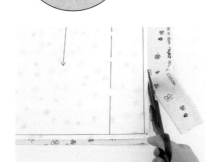

（正面）

（背面）

①将布料对折，把背面折到里边。

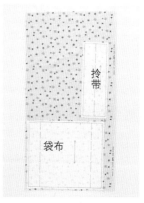

拎带

袋布

②将纸样放在布料之上。

③用珠针将纸样和两块布料固定在一起以防止移位。

④依照纸样裁剪布料。

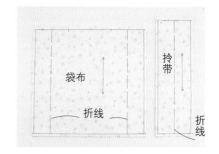

袋布

拎带

折线

折线

⑤裁剪好的袋布和拎带。

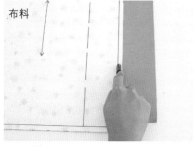

布料

⑥两块布料之间放入一张手工用复写纸，再用点线器描出完成线。

⑦袋布处已画好记号线。

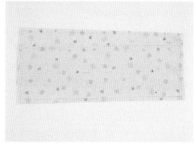

⑧用同样的方法在提把部分画记号线。

制作拎带

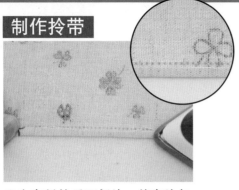

①在布料的反面折边，使布边与完成线刚好吻合，再用熨斗熨烫定型。

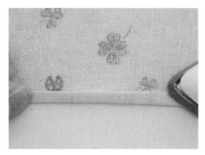

②沿着完成线再次折边。

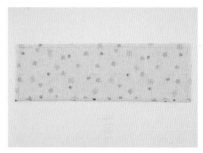

③布料的一侧形成一个三次折边。

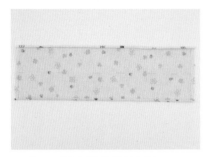

④对另一侧也做同样的折边。

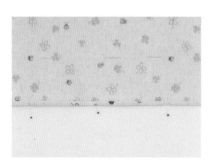

⑤用珠针将折边固定住以免散开。

⑥在距折边0.2cm的位置车缝。

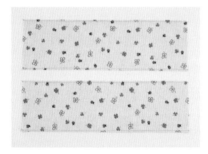

⑦缝制完成的拎带（制作2条）。

缝制袋布

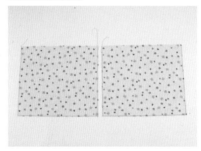

①用包缝对袋口以外的其他三边车缝（处理缝份）。

②两块袋布正面朝内对折，用珠针固定。

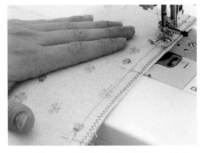

③沿着两侧的完成线车缝，并在车缝开始和车缝结束的地方回缝。

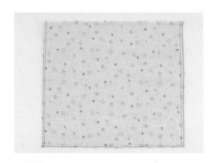

④缝好两侧。

⑤将接缝处熨烫平整。

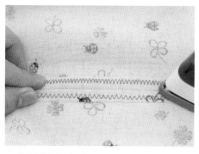

⑥将缝份向左右两侧平铺开。

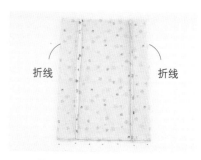

⑦缝份被完全铺开。

折线　　　折线

⑧沿着折线将两块袋布向内侧折叠，用珠针将折边的底部固定。

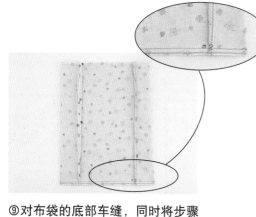

⑨对布袋的底部车缝，同时将步骤⑧的折边固定。

⑩将底部的缝份倒向上侧。

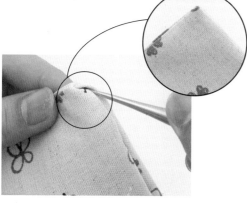

⑫布袋翻过来，用锥子将袋角挑出来。

⑪底部缝份完全倒向上侧。

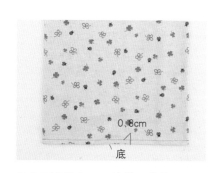

0.8cm

底

⑮在距底边0.8cm的位置车缝。

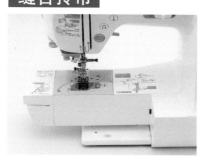

⑬用熨斗熨烫折线部位，熨出笔直的折痕。

① 如缝纫机是自由臂机台，请把下面的底板收进去。

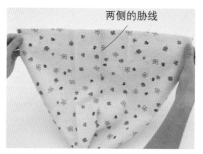

⑭将袋身叠合在一起的样子。

两侧的胁线

②将袋子换个方向对折，使两侧的胁线成为中心。

缝合拎带

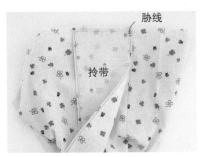

③袋布与拎带叠合在一起。

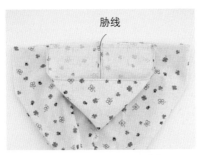

④用假缝将拎带固定在侧缝的两侧。

⑤只车缝提把处（另一侧的提把也要车缝）。

⑥包缝袋口处。将拎带与袋布的两层布料缝合。

0.2cm

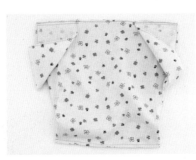

⑦两侧的拎带都缝好。

⑧沿着完成线将袋口向内侧折边。

⑨在距袋口0.2cm处车缝。

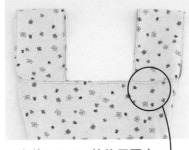

⑩在其下0.8cm的位置再次车缝。

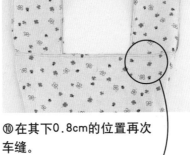

0.2cm   0.8cm

⑪熨烫折痕处，使拎带与折痕看起来在一条直线上。

完成。

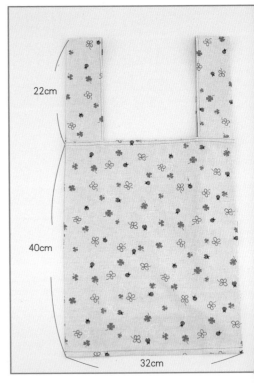

22cm

40cm

32cm

针插

制图

瓶盖的直径×1.8

主体

瓶盖的直径减去0.2cm

厚纸

用废弃的空瓶子制作的超可爱针插。只需一点零碎布即可完成，感觉像上手工课一样开心。将没用完的缝线等小物品放在瓶子里，即可轻松取用！

需准备的材料
表布（棉）
10cm×10cm
厚纸片
10cm×10cm　　1张
不织布　　少许
缎带　少许
瓶子　　1个

*依瓶盖大小不同，所需表布的尺寸也不一样。

制作方法

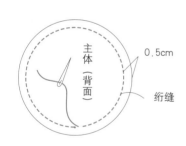

主体（背面）

0.5cm

绗缝

1 用平针缝对布料的周边绗缝。

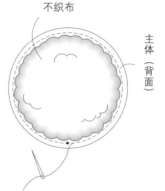

不织布

主体（背面）

2 在布料的中心位置铺上不织布。

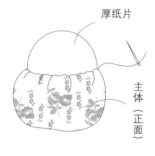

厚纸片

主体（正面）

3 边收紧线头，边放入厚纸片。

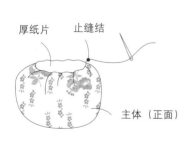

厚纸片　　止缝结

主体（正面）

4 拉紧线头打好止缝结。

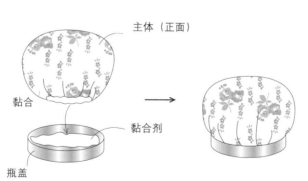

主体（正面）

黏合

黏合剂

瓶盖

5 在瓶盖上涂上黏合剂，再将针插主体黏接上去。

缠绕缎带

缎带

6 最后在针插与瓶盖的交界处缠一圈缎带。

抱枕套

将布料的上下两边简单缝合一下，就完成了一个抱枕套。套子的背面钉有扣子，可防止垫子掉出来。不同的季节选用不用花色的布料，生活是不是也因此充满了情趣呢?

背面

需准备的材料（1个份）
表布（棉麻混纺） 110cm×50cm 45cm×45cm的枕芯　1个 直径2cm的纽扣　1个

制图

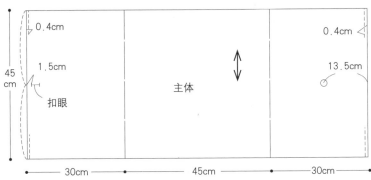

0.4cm
0.4cm
45cm
1.5cm
13.5cm
扣眼
主体
30cm
45cm
30cm

裁剪纸样

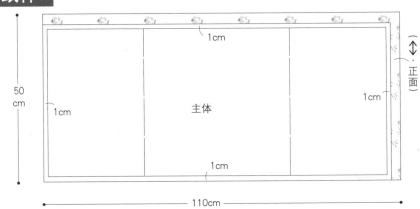

1cm
50cm
1cm
1cm
正面
1cm
主体
1cm
110cm

制作方法

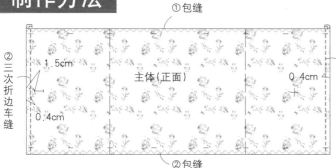

① 包缝
② 三次折边车缝
1.5cm
主体（正面）
0.4cm
0.4cm
① 三次折边车缝
② 包缝

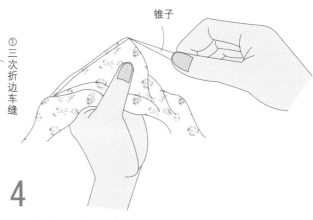

锥子

1 布料的两端折边处理

布料的两端向背面折叠，折出一个0.5cm的三次折边，同时用熨斗熨平，在距边0.4cm的位置车缝。

2 制作扣眼

制作方法参照下图。

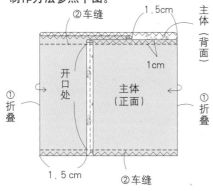

② 车缝
1.5cm
主体（背面）
1cm
开口处
主体（正面）
① 折叠
① 折叠
1.5cm
② 车缝

4 将抱枕套翻过来

从开口处将套子翻过来，用锥子将四个角落整理好，最后缝上纽扣（参照第13页）。

扣眼的制作方法

单侧锁眼

常见的锁扣眼的方法，适用于横向开口的扣眼。缝线使用专用的扣眼线，所需长度是扣眼尺寸的25～30倍。

1

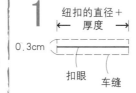

纽扣的直径＋厚度
0.3cm
扣眼
车缝

测量纽扣的直径和厚度。在扣眼位置的四周车缝一周，在中心位置剪开一个小开口。

3 缝合上下两边

将布料沿着折线折成套子的形状并用珠针固定，注意要将布料的正面折在套子里侧，再沿距离各边1cm处车缝。

2

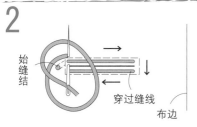

始缝结
穿过缝线
布边

将手缝线引到扣眼四周的车缝针脚上，开始锁扣眼。

3

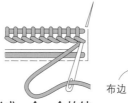

布边

如此缝下去，形成一个一个的结扣，直到锁完边。

4

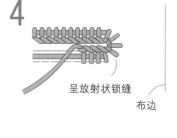

呈放射状锁缝
布边

在弯角处呈放射状地锁缝三四针。

5

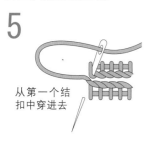

从第一个结扣中穿进去

用同样的方法缝另一边。缝最后一针时，将针穿入第一个结扣中，再从最后一个结扣旁边穿出，然后将线收紧。

6

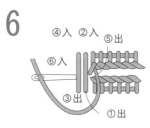

④入　②入　⑤出
⑥入
③出　①出

平行地缝两针，使其针脚长度与两侧锁眼针脚的总宽度相当。最后，在两条平行线上垂直地缝两针。

7

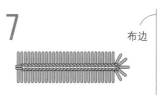

布边

完成。

抹布

学校和幼儿园常会要求小朋友们带上抹布去上学。有的妈妈会让孩子们带买来的抹布。但亲手制作的手工抹布，有着妈妈们的爱心，无论做得好与不好，孩子们都会很开心呢！

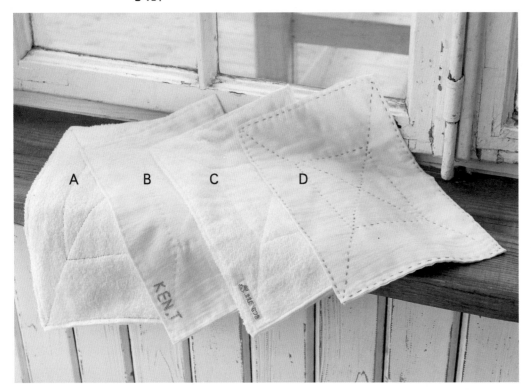

需准备的材料

布手帕或洗脸毛巾1条

若是需要用力搓洗的抹布，则四条边都要锁缝。

制作方法

1 准备好1条洗脸毛巾或1块手帕。

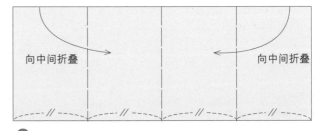

向中间折叠　　　　　向中间折叠

2 两端向中间折叠，使两侧边能在中心位置吻合。

两次折叠

3 再次折叠。

平针缝或车缝

4 距各边0.3～1cm的位置缝合（平针缝或车缝）。

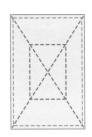

5 先对角缝，在内侧缝一个四边形（内侧的四边形可以不缝），最后缝姓名标签。

刺绣的方法

复写字母

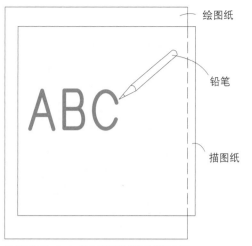

绘图纸
铅笔
描图纸

①将实物大小的图案描绘到描图纸上。如使用浓墨铅笔，铅笔粉尘可能沾在手上弄脏布料。所以，请使用较硬的铅笔（2H左右）。

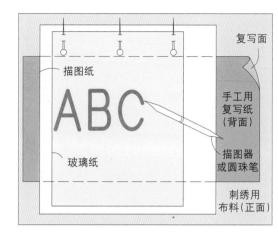

复写面
描图纸
手工用复写纸（背面）
玻璃纸
描图器或圆珠笔
刺绣用布料（正面）

②刺绣布料的正面朝上放置，确定好要做刺绣的位置。将一张手工用复写纸复写面朝下放在刺绣位置之上，再一次放上描好图案的描图纸和玻璃纸，最后用珠针固定，并用描图器描出图案的轮廓线。

25号刺绣线的使用方法

25号刺绣线由6股细线拧合而成。可根据布料、图案等具体情况决定用线的股数。将细线一根一根地抽出，再将所需的数条线整理齐后穿针使用。

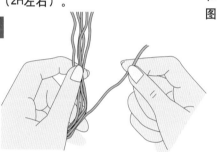

轮廓绣

在绣轮廓或花草的茎时经常用到。改变针脚的长度，线条的粗细也随之改变。

1
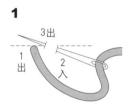
3出
1出
2入

2
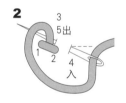
3
5出
1
2
4入

3

重复2~3次

锁链绣

像锁链一样一环扣一环的针脚。按同一方向运针、绕线。

1
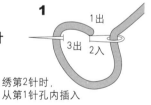
1出
3出
2入
绣第2针时，从第1针孔内插入

2
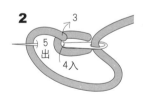
3
5出
4入

3
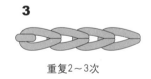
重复2~3次

原尺寸图案

ABCDEFGHIJKLMN
OPQRSTUVWXYZ

包袱造型的三角布包

很早以前人们就开始用布手帕或包袱布来制作三角布包。将接缝处的缝线一拆开，又变回一块完好的布料，古人真聪明啊！包包与布料的大小比例是1：3，做一个大小让自己满意的三角包，可当肩包用，也可当化妆包用，用途多多哦！另外，还可用3块手绢或印花手帕来做，连锁边都免了，只需将两个接缝缝合在一起就大功告成了！

大布包可以背在肩上。

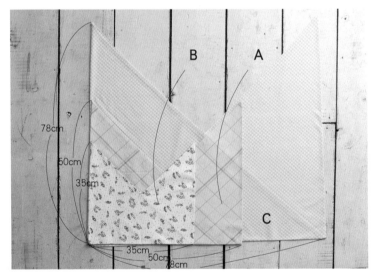

将做了相同标记的地方缝合在一起

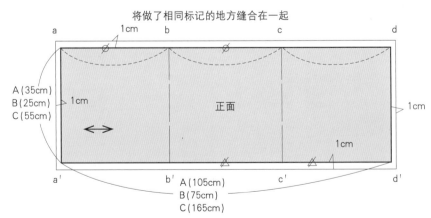

需准备的材料
A表布（棉麻混纱） 40cm×110cm
B表布（棉） 30cm×80cm
C表布（棉） 60cm×170cm

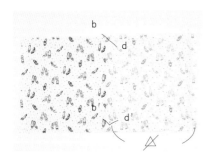

①沿着右侧的折边线折叠并将正面叠在里侧。

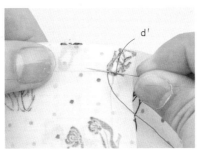

②对重叠处底边缝合。缝份暂不处理，先从完成线开始缝合。

③缝完一边。

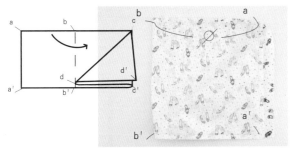

④沿着左侧的边线折叠表布，以便a和c能叠合在一起。用珠针将上面的边固定。

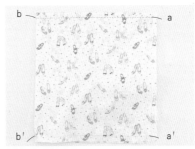

⑤用步骤②的方法缝合上面的边。

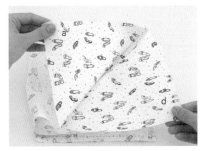

⑥拉着两个对角。

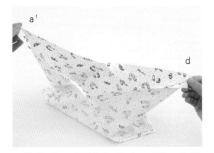

⑦拎着a'、d两个角往上一提，布袋的样子就形成了。

⑧把布袋翻过来。

⑨倒缝份。将没有缝合处也沿着完成线折边。

⑩将缝份再次折叠，折成三次折边后用珠针固定。

⑪用平针缝的手法将缝份缝牢固。

⑫完成。

☆若使用缝纫机缝制，就用包缝来处理缝份。

※此处使用的是色彩对比度明显的手缝线。实际操作时，请使用与布料同色或颜色相近的手缝线。

短围裙

用市售的围裙布料来做一条咖啡馆女服务生专用的短围裙吧！不需要折边处理，缝制起来也特别简单。若买不到尺寸刚好的围裙布料，也可用普通布料来做。在此也一并介绍使用普通布料的制作方法。

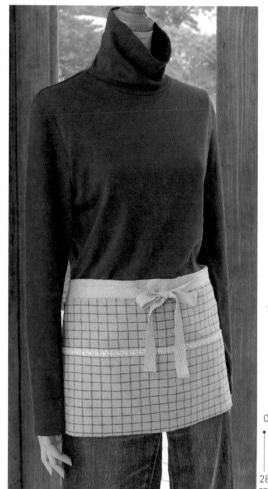

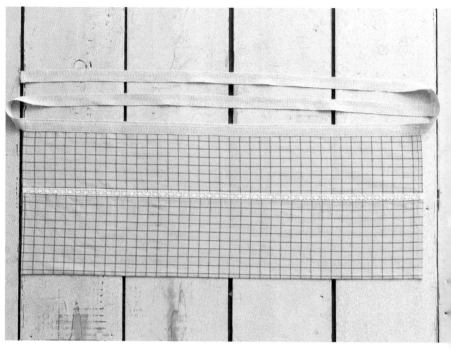

需准备的材料

围裙布料1块
70cm×43cm

麻料带
22cm×40cm

纯棉蕾丝
1.2cm×70cm

制图

0.5cm 80cm   蕾丝的宽度   80cm   车缝

腰带

蕾丝   插带

车缝

28 cm

蕾丝的宽度＝0.8cm

15 cm   16.5cm   16.5cm   车缝

车缝

70cm

制作方法

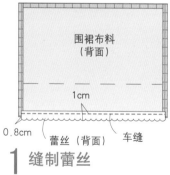

围裙布料
（背面）

1cm

0.8cm   蕾丝（背面）   车缝

1 缝制蕾丝

如图所示，将蕾丝花边放于布料的背面，并确定从正面能看见0.8cm宽的花边。再将布料翻过来，在离布边0.2cm的位置车缝。

蕾丝

围裙布料（背面）

0.2cm

15cm   围裙布料（正面）

②车缝   ①车缝

2 制作插袋

将布料的底边向上折叠，再分别对折叠处的两侧边车缝。车缝位置距侧边0.2cm。

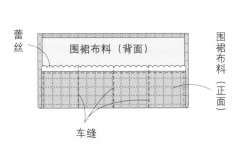

蕾丝

围裙布料（背面）

围裙布料（正面）

车缝

在插袋的中心线及距各自侧边16.5cm的位置车缝。

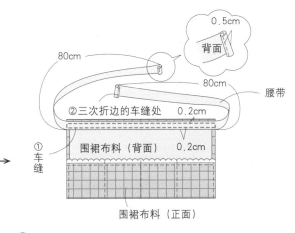

0.5cm

背面

80cm

80cm

腰带

②三次折边的车缝处　0.2cm

①车缝

围裙布料（背面）　0.2cm

围裙布料（正面）

3 缝制腰带

将腰带沿边平铺在围裙的上侧，并在距各边0.2cm处对腰带的上下两边车缝。在腰带的末端折一个0.7cm的三次折边，并在其末端0.5cm处车缝。

使用普通布料的制作方法

若没有尺寸刚好的围裙布料，也可将普通布料裁剪后使用。建议选择正面和背面花色差异不明显的布料。

裁剪纸样

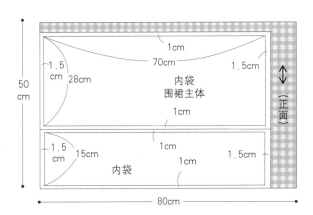

1cm

1.5cm　70cm　1.5cm

28cm

50cm　内袋 围裙主体

1cm

（正面）

1.5cm　15cm　1cm　1.5cm

内袋

1cm

80cm

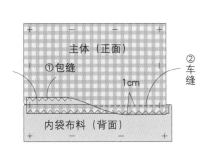

主体（正面）

①包缝

1cm

②车缝

内袋布料（背面）

①如图所示，将主体布料和插袋布料重合在一起，使主体的背面贴着插袋的正面。在距其1cm处车缝，并将缝份铺平烫开。

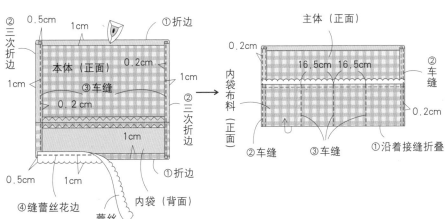

0.5cm　1cm　①折边

②三次折边

本体（正面）　0.2cm

1cm　1cm

③车缝

0.2cm

②三次折边

1cm

①折边

0.5cm　1cm

内袋（背面）

④缝蕾丝花边 蕾丝

②上下布边折边用熨斗熨烫平整，将左右两侧叠成三次折边，然后对折边车缝。最后在袋口处缝上蕾丝花边。

主体（正面）

0.2cm

16.5cm　16.5cm

②车缝

内袋布料（正面）

0.2cm

②车缝　③车缝　①沿着接缝折叠

③沿着接缝将插袋布料向上翻折，在两侧边0.2cm处车缝。再将插袋处车缝。

※腰带的缝合方法与使用围裙布料时的方法相同。

便当袋和水壶套

这是推荐给上班族的两件宝贝。将里布折上与套身缝合即可，非常简单。水壶套适合350~500mL的宝特瓶。这个尺寸的水壶套给小孩子用也很不错哦！

A

若是给小孩用的，就不要用布带，改用好收、好解的圆形系带。

B 女孩用

C 男孩用

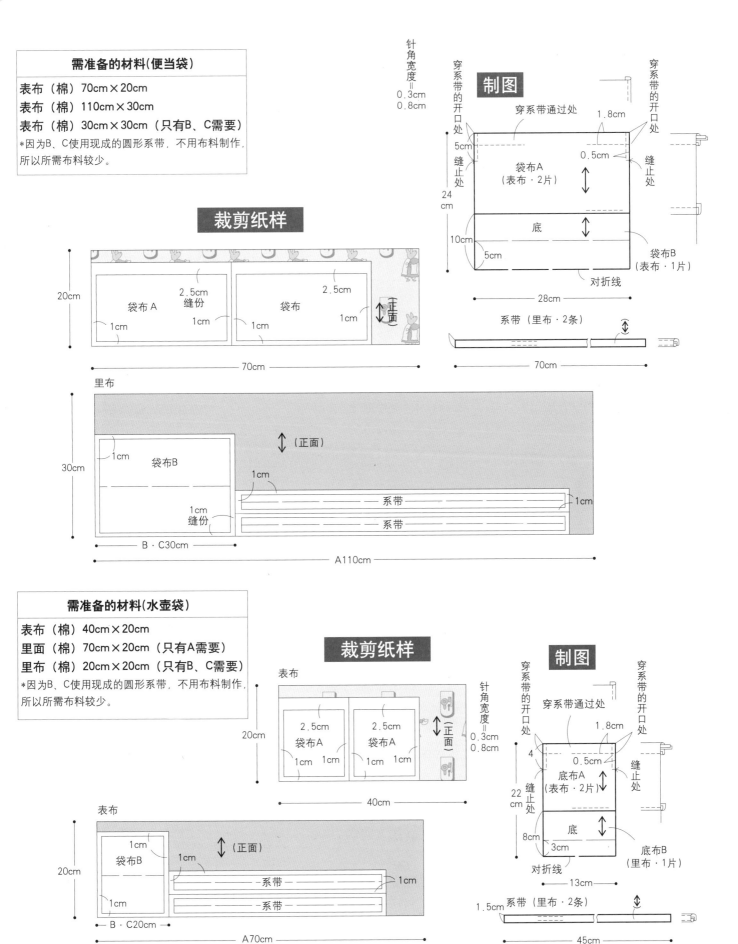

需准备的材料(便当袋)

表布（棉）70cm×20cm
表布（棉）110cm×30cm
表布（棉）30cm×30cm（只有B、C需要）
*因为B、C使用现成的圆形系带，不用布料制作，所以所需布料较少。

裁剪纸样

20cm

袋布A
2.5cm
缝份
1cm
1cm

袋布
2.5cm
1cm
1cm

正面

70cm

里布

30cm

1cm
袋布B

1cm

（正面）

1cm

1cm
缝份

系带

1cm

系带

B·C30cm

A110cm

针角宽度＝
0.3cm
0.8cm

穿系带的开口处

制图

穿系带通过处

1.8cm

穿系带的开口处

5cm

缝止处

0.5cm

袋布A
（表布·2片）

24cm

缝止处

10cm

底

5cm

袋布B
（表布·1片）

对折线

28cm

系带（里布·2条）

70cm

需准备的材料(水壶袋)

表布（棉）40cm×20cm
里面（棉）70cm×20cm（只有A需要）
里布（棉）20cm×20cm（只有B、C需要）
*因为B、C使用现成的圆形系带，不用布料制作，所以所需布料较少。

裁剪纸样

制图

表布

20cm

2.5cm
袋布A
1cm 1cm

2.5cm
袋布A
1cm 1cm

（正面）

40cm

针角宽度＝
0.3cm
0.8cm

穿系带的开口处

穿系带通过处

1.8cm

穿系带的开口处

4

0.5cm

缝止处

底布A
（表布·2片）

22cm

缝止处

8cm

底

3cm

对折线

底布B
（里布·1片）

13cm

表布

20cm

1cm
袋布B

1cm

1cm
缝份

（正面）

1cm

系带

1cm

系带

B·C20cm

A70cm

1.5cm 系带（里布·2条）

45cm

便当袋的制作方法

1 缝合袋布A和袋布B

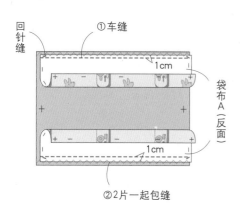

袋布A（表布）和袋布B（表布）正面叠合，在距离侧边1cm处一起包缝。

2 平铺袋布

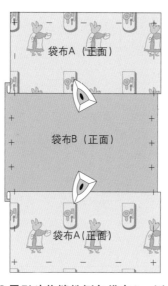

①用熨斗将缝份倒向袋布A一侧。

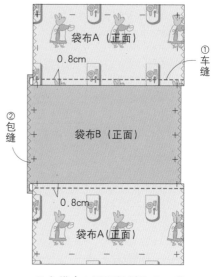

②在袋布A侧距接缝0.8cm处车缝，再将两侧边包缝。

3 制作袋子的边角

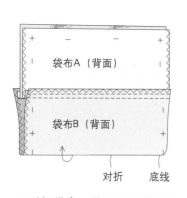

①对折袋布，将正面叠在里侧。

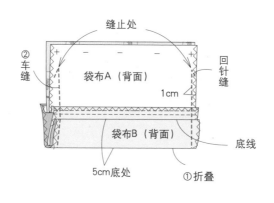

②向上折叠5cm，再将两侧缝合。

4 缝袋口

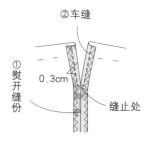

①将缝份平铺开，对开口处车缝，车缝位置距外侧0.3cm。

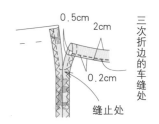

②袋布上端向内折0.5cm折边，用熨斗烫平整后再折一个2cm的折边，并对折边车缝。另一侧的做法也相同。

5 制作系带

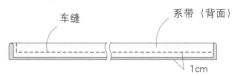

车缝 系带（背面）
1cm

①对折系带布料，将正面叠在里侧。将
开口处车缝，针脚呈"L"状。

系带（正面）
←拉紧
翻回正面

②车缝 0.2cm 系带（正面）
①放入缝份

②自开口处将系带翻过来并整理好外形，
再将其四周车缝。

6 穿系带

把步骤5做好的系带穿入袋口处的通
道，并将两端系在一起。以相反的方
向穿另一条系带。

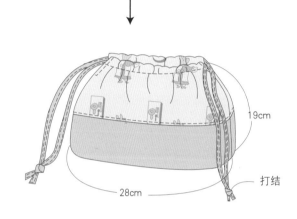

19cm
28cm
打结

水壶袋的制作方法

只需改变一下底部的尺寸，缝制方法与便当袋完全相同。

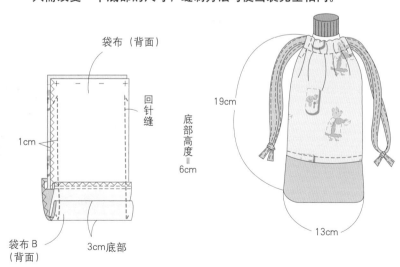

袋布（背面）
回针缝
1cm
底部高度=6cm
19cm
袋布B（背面）
3cm底部
13cm

将底部布料向上折3cm，再对两侧边车缝。缝份宽度是
1cm，缝到缝止处即可。

幼儿园包包

宝宝去幼儿园时必备的简洁好用的包包。两侧没有侧幅，制作起来非常简单。外侧有一个小贴袋，可放A4尺寸的文件，方便又实用。

原纸样尺寸B

需准备的材料	
表布A（棉）70cm×70cm	
表布B（棉）30cm×20cm	

※此处使用的是色彩对比度明显的车缝线。实际操作时，请使用与布料同色或颜色相近的车缝线。

表布　　里布

车缝线

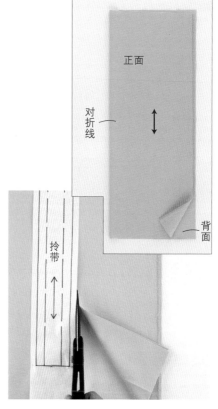

制作方法

裁剪&画记号线

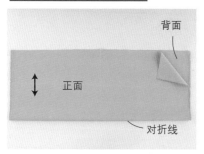

①对折表布，使布料的背面叠在里侧。

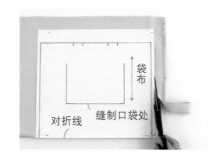

②纸型置于布料上，使纸型的底边与布料的底边对齐。用珠针固定，并裁下一块袋布。

③平铺布料，再裁两片布料做拎带。

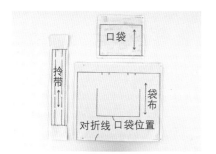

④用同样的方法裁下一块口袋用布料。

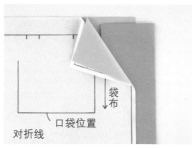

⑤将手工用复写纸夹在两层布料的背面之间。

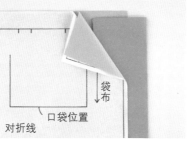

⑥用点线器沿着纸型上的完成线描一遍，画上记号线。

处理缝份

⑦其他部位的布料也以同样的方法画上记号线。

①袋布两侧包缝。

②对口袋布料除袋口以外的其他三边包缝。

制作拎带

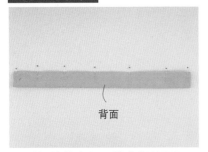

①对折拎带布料，使布料的正面叠在里侧，再用珠针固定。

②沿着完成线车缝。

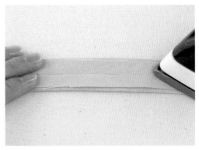

③用熨斗将缝份铺平熨开，使接缝处成为拎带的中心线。

④将拎带翻过来。

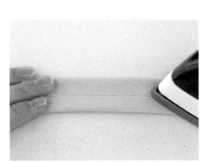

⑤用熨斗熨平。

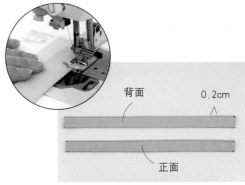

⑥在距边0.2cm处车缝。

制作、缝合口袋

①袋口以外的其他三边沿着完成线向背面折边，并用熨斗熨烫平整。

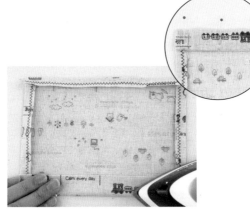

②将袋口处折成一个三次折边，用珠针固定。

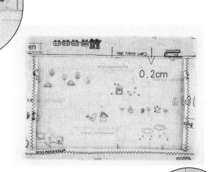

③在距折边0.2cm处车缝。

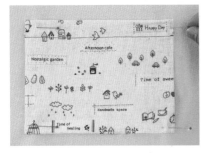

④将口袋布料平放在袋布的相应位置，用珠针固定。

⑤用假缝线对口袋的周边假缝。

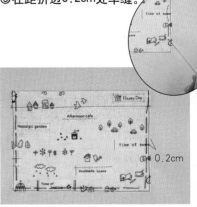

⑥在距袋口处0.2cm开始车缝。最后拆除假缝线。

缝制袋布

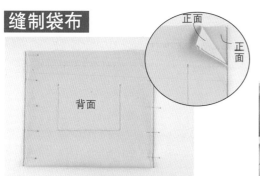
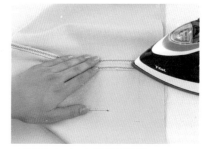

①对折袋布，使布料的正面叠在里侧。用珠针固定两侧。

②车缝两侧的完成线。

③用熨斗熨开两侧的缝份。

缝制拎带

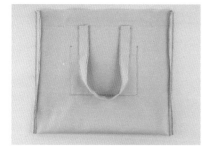
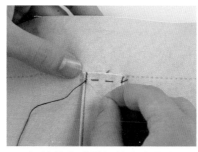
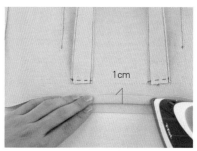

①拎带安置于相应的缝合处，使其正面朝上。

②用假缝线将拎带假缝在布袋上。

③袋口向上折叠1cm。

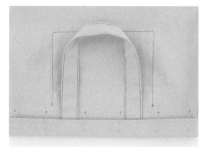
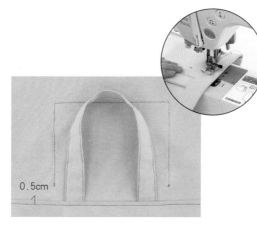
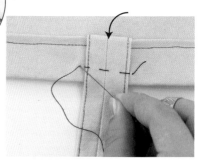

④把拎带夹入折边和袋布中间，用珠针固定。

⑤在距折边0.5cm处车缝。

⑥将拎带翻折过来，用假缝线假缝固定。

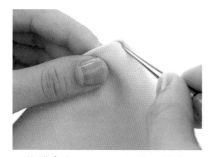

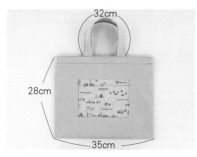

⑦将袋布翻回正面，用锥子挑出袋角并整理平整。

⑧在距袋口0.2cm处车缝。车缝至拎带与袋口相叠合处时，将两者一起车缝。

⑨完成。

布书皮

这是一个用来装书的布书皮。配有布制提把，乍看之下和普通的包包没什么两样，带着去散步也很不错哦！

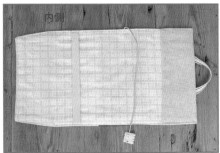

内侧

需准备的材料

表布A（棉麻混纺） 40cm×20cm
表布B（棉） 10cm×20cm
里布（棉） 40cm×20cm
宽1cm的布带 70cm
宽0.8cm的斜纹布带 20cm
粗0.2cm的圆形带 21cm
宽1cm的蕾丝花边 5cm

制图　　　主体

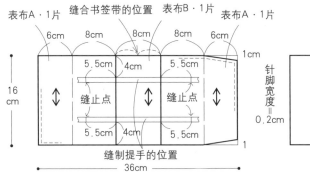

表布A·1片　缝合书签带的位置　表布B·1片　表布A·1片

6cm　8cm　8cm　8cm　6cm
5.5cm　4cm　5.5cm
16cm
缝止点　缝止点
5.5cm　4cm　5.5cm

1cm
针脚宽度＝0.2cm

缝制提手的位置
36cm

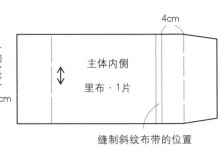

4cm
主体内侧
里布·1片

缝制斜纹布带的位置

裁剪纸样

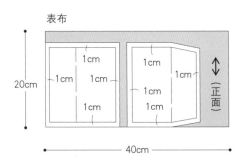

表布

1cm　1cm
1cm　1cm　1cm
1cm　1cm
（正面）
20cm
40cm

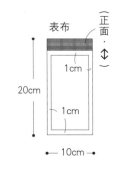

表布
（正面·）
1cm
20cm
1cm
10cm

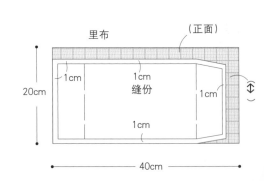

里布　　（正面）
1cm　1cm
20cm　缝份　1cm
1cm
40cm

1 制作表面

表布（背面）

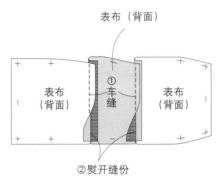

表布（背面）

表布（背面）　表布（背面）

①车缝

②熨开缝份

如图所示，缝合表布A和表布B，用熨斗将缝份铺平熨开。

2 制作提手

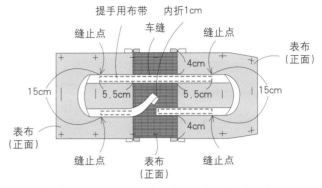

提手用布带　内折1cm

缝止点　车缝　缝止点

表布（正面）

15cm　5.5cm　5.5cm　15cm

4cm

表布（正面）

4cm

缝止点　表布（正面）　缝止点

如图所示，将提手的布带缝制于表布正面。将布带末端向内折叠1cm，并使末端与始端上下叠合在一起。

3 制作书签

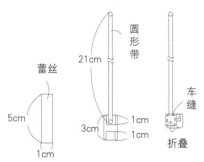

蕾丝

圆形带

21cm

5cm

3cm　1cm　1cm

车缝

折叠

1cm

如图所示，先将蕾丝花边的两端分别内折1cm，在其一端放上圆形带后对折以便将圆形带夹入。最后对蕾丝花边的四周车缝。

4 缝合书签和斜纹布带

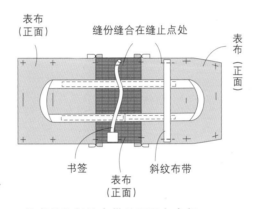

表布（正面）

缝份缝合在缝止点处

表布（正面）

书签　表布（正面）　斜纹布带

将书签和斜纹布带放置于各自相应的位置，再假缝固定。

5 缝合周边

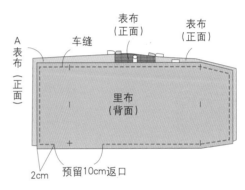

表布（正面）　表布（正面）

车缝

A表布（正面）

里布（背面）

2cm　预留10cm返口

将表布和里布正面对正面地叠合在一起，并沿着完成线车缝周边。预留10cm的返口用以翻面。

6 翻回正面

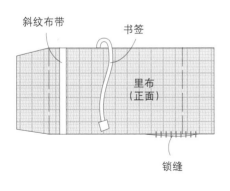

斜纹布带　书签

里布（正面）

锁缝

自步骤⑤预留的返口处将袋布翻回正面。再用熨斗熨平，并对开口处锁缝。

7 制作插入口

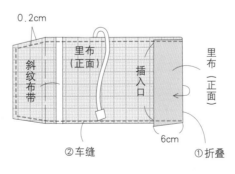

0.2cm

斜纹布带

里布（正面）

插入口

里布（正面）

②车缝　6cm　①折叠

将插入口的布料向内侧折叠6cm，距边0.2cm处车缝一周，固定插入口。

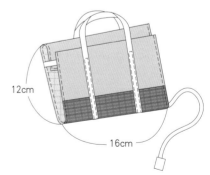

12cm

16cm

隔热手套

使用端锅用的椭圆形隔热手套时，将手放进套子里也行，不放进去直接隔着手套端也行。不仅方便实用，而且小巧可爱！

原纸样尺寸A

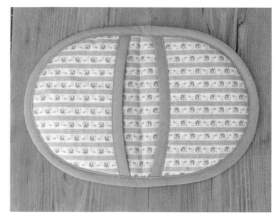

裁剪纸样

需准备的材料（1个份）

表布　60cm×40cm
棉衬　30cm×20cm
宽1cm的4层斜纹布带100cm

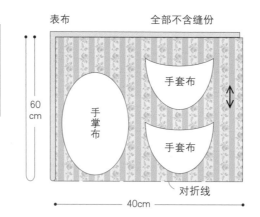

表布　全部不含缝份

60cm

手掌布

手套布

手套布

对折线

40cm

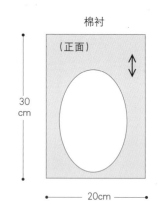

棉衬

（正面）

30cm

20cm

102

1 制作手套布

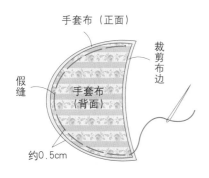

手套布（正面）
裁剪布边
假缝
手套布（背面）
约0.5cm

①重合手套布外侧和里侧的布料，使两块布料背面对背面。再沿着布边假缝固定。

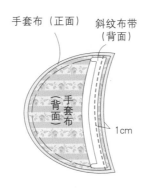

手套布（正面）
斜纹布带（背面）
手套布（背面）
1cm

②斜纹布带正面朝下放在手指插入口处，在距布边1cm处车缝。

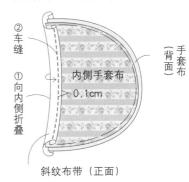

※用同样的方法再做一个手套布。

②车缝
①向内侧折叠
内侧手套布
0.1cm
手套布（背面）
斜纹布带（正面）

③斜纹布带向手套布的里侧折叠，再从距边0.1cm处车缝。

2 制作手掌布

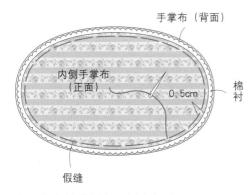

手掌布（背面）
内侧手掌布（正面）
0.5cm
棉衬
假缝

①在手掌布的外侧和里侧之间贴上棉衬，再对其周边假缝。

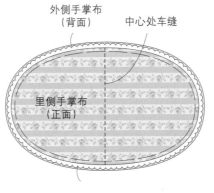

外侧手掌布（背面）
中心处车缝
里侧手掌布（正面）

②在手掌布的中心处车缝。

3 缝合手掌布与手套布

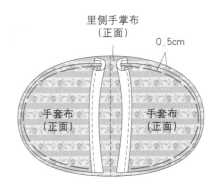

里侧手掌布（正面）
0.5cm
手套布（正面）
手套布（正面）

①内侧手套布重合在手掌布的上面，再对周边假缝。

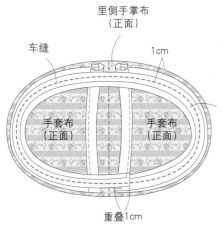

里侧手掌布（正面）
车缝
1cm
手套布（正面）
手套布（正面）
重叠1cm

②斜纹布带正面朝下沿手套布边绕一周，并在两端相接处重叠1cm左右。距外侧沿边1cm处车缝。

①折叠
②车缝
1cm
外侧手掌布（正面）
0.1cm
③锁缝
斜纹布带（正面）

③斜纹布带正面朝下沿手套布边绕一周，并在两端相接处重叠1cm左右。距外侧沿边1cm处车缝。

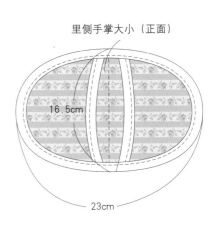

里侧手掌大小（正面）
16.5cm
23cm

方形化妆包

这个简洁可爱的方形化妆包，看来似乎很复杂，其实只要加上拉链后再缝合两个地方就OK了，超简单！

需准备的材料

表布（棉麻混纺）　30cm×40cm
里布（棉）　30cm×40cm
长20cm的拉链　1条
宽2cm的蕾丝　50cm
宽0.8cm的斜纹布条　10cm

制图

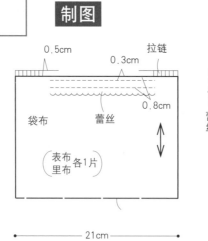

0.5cm

0.3cm

拉链

0.8cm

袋布　　蕾丝

蕾丝宽＝2cm

16cm

表布里布　各1片

21cm

0.5cm

蕾丝　　里边

裁剪纸样

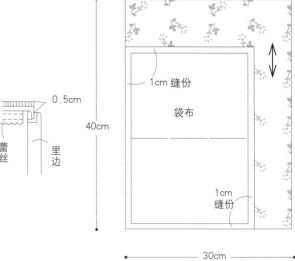

表布、里布

1cm 缝份

袋布

40cm

1cm
缝份

30cm

1 在表带布上加拉链

②车缝　　拉链（正面）

0.2cm

表袋布（正面）

① 袋口开口处向背面折叠1cm。再将拉链置于表带布下，并距边0.2cm处车缝。

车缝

表袋布（正面）

表袋布（背面）

② 以同样的做法缝制另一侧的拉链。

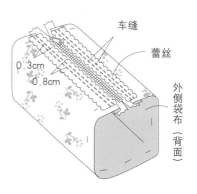

车缝

蕾丝

0.3cm
0.8cm

外侧袋布（背面）

③ 蕾丝置于拉链的两侧，在距边0.3cm和0.8cm处车缝。

2 制作里袋布

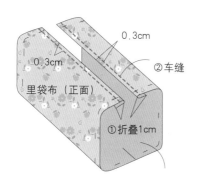

0.3cm

0.3cm　　②车缝

里袋布（正面）

①折叠1cm

袋口处向背面侧边折叠1cm，在距折边0.3cm处车缝。

3 缝合里、表袋布

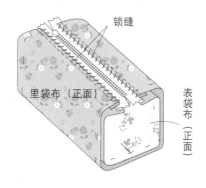

锁缝

里袋布（正面）

表袋布（正面）

将表袋布翻过来包在里袋布的里面，把里袋布与拉链两侧的布边锁缝在一起。

4 缝合胁边

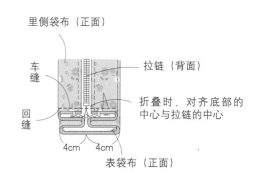

里侧袋布（正面）

车缝

回缝

拉链（背面）

折叠时，对齐底部的中心与拉链的中心

4cm　4cm

表袋布（正面）

① 对齐底部的中心线与拉链的中心线。如图所示，将袋布折叠好后一起车缝。

5 完成

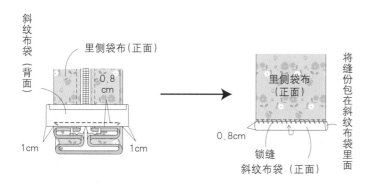

斜纹布袋（背面）

里侧袋布（正面）

0.8cm

1cm　　1cm

里侧袋布（正面）

0.8cm

锁缝

斜纹布袋（正面）

将缝份包在斜纹布袋里面

② 用斜纹布带包边。

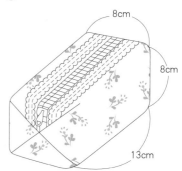

8cm

8cm

13cm

翻回正面就完成了。

布玩偶

用羊绒布料做成的可爱小熊大小刚刚好，很适合小宝宝们抱在手上玩。由于组成配件较少，即使是初学者也能轻松完成。塞棉花时，身体塞松软些，头部塞实一点，就会更漂亮！

原纸样尺寸B

需准备的材料（1个份）
表布（羊绒布）60cm×20cm
带脚纽扣
1cm的1颗
0.8cm的2颗
布偶用手缝针
手工用棉花
厚纸片　少许
裁剪纸样

※所有配件的缝份宽度都是0.5cm。

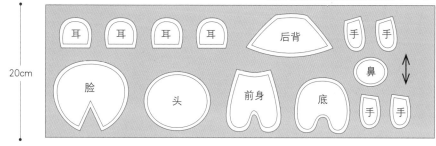

20cm

耳　耳　耳　耳　　后背　　手　手

脸　　头　　前身　　底　鼻　手　手

60cm

1 制作耳朵

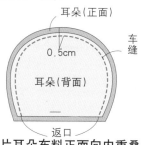

耳朵（正面）

0.5cm

车缝

耳朵（背面）

返口

①两片耳朵布料正面向内重叠，在距布边0.5cm处车缝。但车缝时需在耳根处留一个返口作为翻面用。

耳朵

翻回正面

②翻回正面并整理平整。

耳朵（正面）

细缝

0.5cm

③距边0.5cm处用平针缝的针法缝一圈。

耳朵（正面）

2cm

④将缝份塞到耳朵里并收紧手缝线，开口收成一个约2cm宽的小开口。

2 制作鼻子

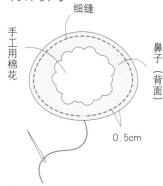

细缝

手工用棉花

鼻子（背面）

0.5cm

①距边0.5cm处用平针缝密缝一圈，再铺上适量的棉花。

厚纸

鼻子（正面）

②收紧手缝线，同时放入一张厚纸片，然后打止缝结。

带脚纽扣

1cm

鼻子（正面）

③距边1cm处缝制一颗带脚纽扣。

鼻子（正面）

④缝制纽扣的手缝线向鼻子的下侧绕一针，做出嘴巴的造型。

3 制作手部

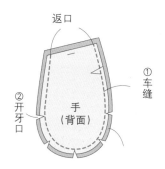

返口

①车缝

②开牙口

手（背面）

①两片布料正面向内重叠，在距布边0.5cm处车缝。但车缝时需在手臂处留一个开口翻面用。

②塞入手工用棉花

手（正面）

①翻回正面

②翻回正面，再塞入适量的棉花。

锁缝返口

手（正面）

③缝份处塞入耳朵里面，然后锁缝返口。

4 制作脸部

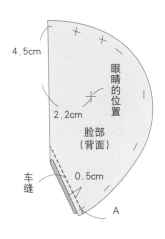

①沿着中心线对折脸部布料，将正面叠在里侧，再车缝A处。

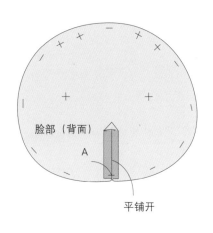

②熨开缝份。

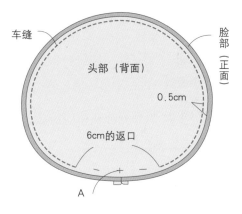

③脸部和头部布料正面朝内重叠在一起。在距边0.5cm处车缝。车缝时需预留一个6cm的返口作为翻面之用。

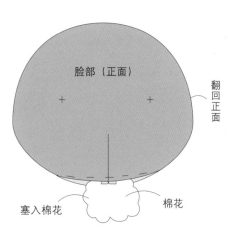

④翻回正面，自返口处塞入棉花，直到塞紧为止。

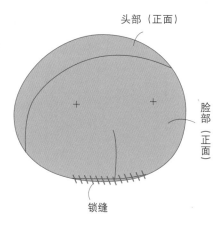

⑤缝份处塞入头里面，再锁缝返口。

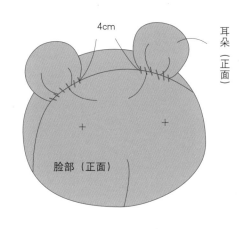

⑥在头部与脸部的接缝处缝上耳朵。

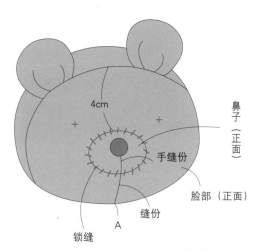

⑦鼻子置于脸部上端4cm处，再对周边锁缝。

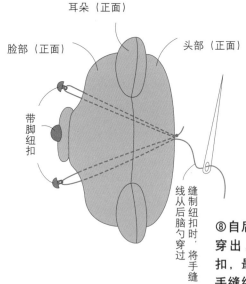

⑧自后脑勺下针，从眼睛处穿出，再将针穿过带脚纽扣，最后回到后脑勺并拉紧手缝线。用同样的做法缝好另一只眼睛（带脚纽扣）。

5 制作身体

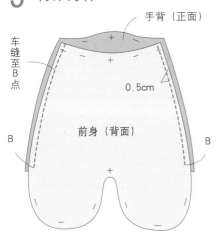

①前身和后背的布料正面朝里重叠。再对两侧车缝至B点。

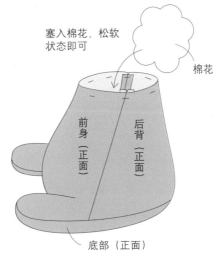

②熨开缝份。

③底部与步骤②正面重叠。重合时，要使相应的B点相互吻合。在距边0.5cm处车缝。

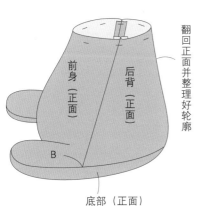

④翻回正面并整理好轮廓。

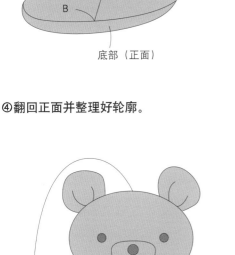

⑤塞入棉花，不要塞得太紧，松松软软的正好。

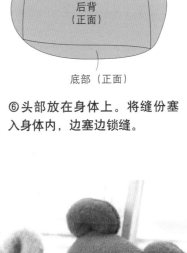

⑥头部放在身体上。将缝份塞入身体内，边塞边锁缝。

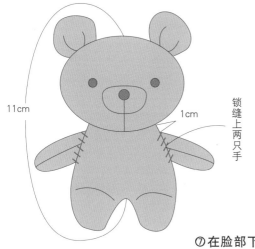

⑦在脸部下1cm处缝上小熊的两只手。

手提包

大小适中、日常生活中方便实用的手提包，衬有里布，缝制时可要认真呢！再搭配市售的皮革提手，感觉品质更棒了。

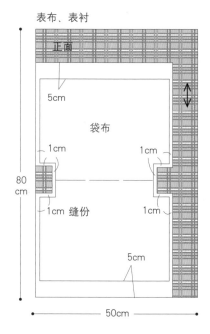

表布、表衬

正面

5cm

袋布

1cm   1cm

80cm

1cm 缝份   1cm

5cm

50cm

里布

1cm

1cm   袋布   1cm

60cm   正面

1cm   1cm

缝份

内袋   2cm

1cm   1cm

80cm

制图

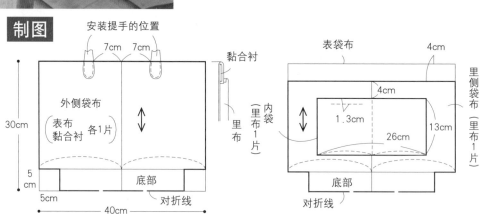

安装提手的位置

7cm   7cm

外侧袋布

30cm   （表布
黏合衬 各1片）

5cm

5cm   底部

对折线

40cm

黏合衬

里布

表袋布   4cm

里侧袋布（里布1片）

内袋（里布1片）

4cm

1.3cm

13cm

26cm

底部

对折线

需准备的材料	
表布（棉）	50cm×80cm
里布（棉）	80cm×60cm
黏合衬	50cm×80cm
提手	1对

1 黏合衬贴到表袋布

表袋布（背面）

5cm 1cm

黏合衬

5cm 1cm

表袋布的背面与黏合衬的黏接面贴合在一起，再用熨斗熨烫黏接。

2 制作表袋布

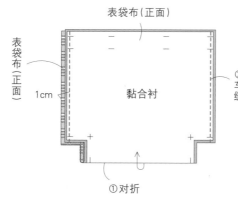

表袋布（正面）

表袋布（正面）

黏合衬

1cm

②车缝

①对折

①对折表袋布，将正面叠在里侧。在距侧边1cm处车缝。

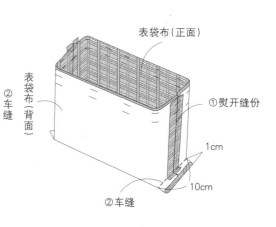

表袋布（正面）

表袋布（背面）

①熨开缝份

1cm

10cm

②车缝

②铺开两侧的缝份，再将底部的布料折过来形成袋底，在距边1cm处车缝。

3 制作里袋布

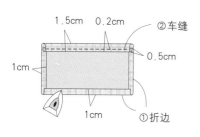

1.5cm 0.2cm

②车缝

0.5cm

1cm

1cm

①折边

①沿着完成线将内袋四周折边。袋口处先折0.5cm，再折1.5cm。在距折边0.2cm处车缝。

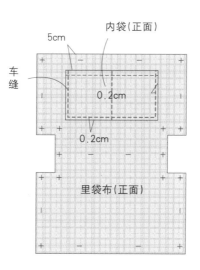

5cm

内袋（正面）

车缝

0.2cm

0.2cm

里袋布（正面）

②将内袋放在里袋布的内袋缝合处，对其周边和中心车缝。

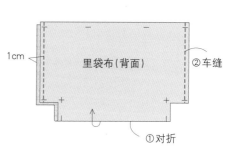

1cm

里袋布（背面）

②车缝

①对折

③对折里袋布，将正面叠在里侧。在距布边1cm处对两侧边车缝。

4 缝合表袋布和里袋布

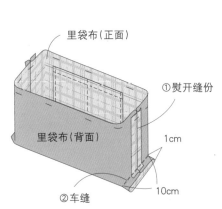

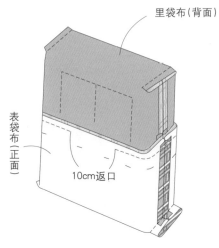

④熨开两侧的缝份，将底部的布料折过来形成袋底，在距边1cm处车缝。

①将里袋布翻回正面。将里袋布放在表袋布里面，在距边1cm处车缝一圈。记住预留10cm的返口，作为翻面用。

②拉出里袋布、折叠里袋布侧边缝份。

5 整理手提包的形状

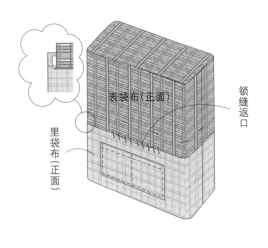

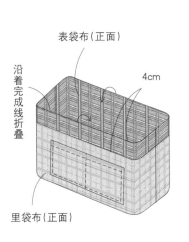

①自返口处翻回正面，再将返口处锁缝。

②沿着完成线将里袋布向内侧折叠4cm。

6 安装提手

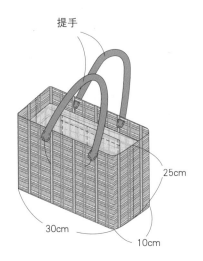

将提手放在相应的安装位置，并手缝固定。